D1872760

Band 5038 Falken farbig

Dr. Gustav Schoser

Orchideen

Eigenart · Schnittblumen · Topfkultur · Pflege

FALKEN-VERLAG ERICH SICKER KG · WIESBADEN

Titelbild. Links: Eine Aranda aus Singapore, Kreuzung zwischen einer Arachnis und einer Vanda. Häufig als Schnittorchidee importiert.

Rechts: Ausschnitt aus der ständigen Orchideen-Ausstellung im Orchideenschauhaus des Palmengartens in Frankfurt am Main (Cattleya-Hybriden, Phalaenopsis-Hybriden, Paphiopedilum-Hybriden, Renanthera, Ascocentrum, Oncidium und andere).

ISBN 3 8068 5038 0
© 1976 by Falken-Verlag Erich Sicker KG, Wiesbaden
Fotos: Rolf Herrmann DOG (7), Kuno Krieger (7), Karl Reis (7),
Dr. Gustav Schoser (54)
Gesamtherstellung: Stalling AG, Oldenburg

8 7 6 5 4 3 2 1

Inhalt

Was sind Orchideen?

Die Natur mit ihrer ungeheuren Vielfalt bringt dem für die Natur aufgeschlossenen Menschen immer wieder neue, ja wunderbare Überraschungen. Er findet in der Pflanzenwelt das Notwendige und das Nützliche, aber auch das Schöne und das Seltsame. Dazu gehören ohne Zweifel die Orchideen.
Orchideen sind Pflanzen mit erstaunlichen, fremdartigen und faszinierenden Blüten. Man sieht Orchideen heute in jedem Blumenfachgeschäft, ja selbst im Warenhaus, beim fliegenden Straßenhändler und besonders in Blumenausstellungen. Sie lösen immer wieder Erstaunen und Bewunderung aus. Wie könnten wir sonst verstehen, daß sich Menschen heute ohne Not in Schlangen anstellen, um nur einen winzigen Eindruck dieser Wunderwelt zu erleben? Aber – wer kann die Blüten alle beim Namen nennen? Die Orchideen machen es uns nicht leicht, sie kennenzulernen. Es gibt nur wenige Kenner, die eine ungefähre Vorstellung davon haben, wieviele verschiedene Orchideen es in der Natur gibt. Was wir bei uns als Blüten sehen, sind meistens Züchtungen der Gärtner. Wie kann man sie erkennen und voneinander unterscheiden? Wir wollen versuchen, ihre Geheimnisse zu ergründen. Wie sich Menschen voneinander in Größe, Gestalt, Gesichtsform, Haarfarbe und Augenfarbe unterscheiden, so kann man auch für Pflanzen Merkmale zusammenstellen. Die Botaniker benützen dafür gerne die Blüten in all ihren Einzelheiten, um in die Vielfalt eine gewisse Ordnung zu bringen. Daher faßt man Pflanzen mit Blüten, die gleiche oder fast gleiche Kennzeichen oder Merkmale haben, zu einer »Art« zusammen. Eine Art ist zum Beispiel Märzenbecher, Madonnenlilie, Sommerlinde, um einige bekannte Beispiele zu nennen. Bei genauerem Zusehen fällt auf, daß die Bezeichnung eigentlich ein Doppelname ist: Märzen – Becher, Madonnen – Lilie, Sommer – Linde. Eine Art ist also durch einen Doppelnamen markiert. So gibt es beispielsweise den Sommer – Becher, die Feuer – Lilie, die Winter – Linde. Eine »Art« hat somit einen Haupt- oder Geschlechtsnamen: Becher, Lilie, Linde. Sie hat außerdem einen Beinamen oder Vornamen, z. B. Märzen, Sommer, Madonna, Feuer, Sommer, Winter. Mit dieser Doppelbenennung ist eine »Art« ansprechbar. Es ist unter Kennern und Liebhabern eine Verständigung möglich. Diese Pflanzen- und Tierbezeichnung hat erst der Arzt und Botaniker Carolus Linnaeus festgelegt. 1753 veröffentlichte er sein Buch: Species Plantarum, was soviel heißt wie: »Die Arten der Pflanzen«. Er beschrieb darin die damals bekannten Pflanzen mit diesem System der Doppelnamen. Diesen Namen fügte er ein »L.« hinzu. Das bedeutet, daß dieser Name von ihm herrührt und damit auch die Beschreibung der Pflanzenart von ihm vorgenommen wurde. Er hat sie dadurch als Art eindeutig festgelegt. Damit ist die Pflanze ein Individuum, ein Einzelding, geworden. Im 18. Jahrhundert war die Sprache der Wissenschaftler das Lateinische. Bei der Beschreibung neuaufgefundener Pflanzen muß es heute noch verwendet werden. So kann es nicht verwundern, daß viele Pflanzen keinen deutschen, sondern nur einen lateinischen Namen haben. Daher müssen wir uns in der Orchideenkunde mit diesen Namen näher beschäftigen. Unsere obigen Beispiele heißen auf Lateinisch: Märzenbecher = *Leucojum vernum L.*, Madonnenlilie = *Lilium candidum L.*, Sommerlinde = *Tilia platyphyllos Scop.* Der Beiname wird, wie im Lateinischen üblich, nachgestellt. Es gibt Regeln, wie die Benennung zu erfolgen hat. Damit ist eine internationale Verständigung unter Fachleuten möglich. Ein Name bezeichnet eindeutig eine bestimmte Pflanzen-Art.
Der Name Orchidee kommt von ›*orchis*‹. Das heißt in der Übersetzung Knabenkraut. Diese Bezeichnung ist rund 2000 Jahre alt. Alle Orchideengewächse werden in die Familie der Orchideen *(Orchidaceae)* zusammengefaßt. Es ist eine der größten Planzenfamilien. Man kennt rund 750 verschiedene Geschlechter oder Gattungen *(genus/genera)*. Auf diese Gattungen verteilen sich die 18000 oder mehr Arten. Einige Gattungen bestehen nur aus einer Art, andere haben Hunderte verschiedener Arten. Manche Pflanzenkenner behaupten, es gäbe sogar um 25000 wildwachsende Orchideen. Welche Zahl richtig ist, läßt sich kaum überprüfen. Jedenfalls sieht man daran, wie schwierig es sein kann, die Pflanzen genau zu bestimmen.

Orchideen des Liebhabers mit einigen Begleitpflanzen (Paphiopedilum, Phalaenopsis sowie Anthurium, Asparagus, Begonia)

Heute ist es ja fast selbstverständlich, daß man etwas über Orchideen weiß. Sicher haben Sie schon einmal etwas von Frauenschuh oder Malayenblume gehört. Vielleicht sind Ihnen gar Bezeichnungen wie *Cypripedium, Paphiopedilum, Phalaenopsis, Cymbidium, Cattleya* begegnet. Namen sagen viel oder wenig, je nachdem was wir uns darunter vorstellen können. Bilder mit Beschreibungen sollen Sie in die Welt der Orchideen einführen.

Vorkommen und Gestalt

Die Orchideenfamilie ist also sehr artenreich und sehr zahlreich. Jede zehnte Pflanze, die uns begegnet, ist eine Orchidee. Wo grüne Pflanzen wachsen, können wir ebenfalls Orchideen erwarten. Aber das stimmt nicht so ganz! In unseren Breiten gibt es nur rund 100 verschiedene Arten. Sie sind außerdem unscheinbarer als ihre tropischen Geschwister. Ihre Hauptverbreitung liegt in den tropischen Gebieten Amerikas, Afrikas und Asiens. Auch in subtropischen Gegenden kommen Orchideen vor, dort jedoch schon nicht mehr so häufig. Selbst in den Polargebieten findet man sie vereinzelt. Das Klima bestimmt ganz wesentlich die Zahl der Orchideen. Für die Verbreitung spielt es ebenfalls eine überragende Rolle. Es prägt die Lebensbedingungen der Orchideen.
Unter den Orchideen gibt es keine Weltbürger, das heißt, keine Orchideen-Art oder -Gattung hat es fertiggebracht, sich über die ganze Erde auszubreiten, oder umgekehrt, sich an alle Klimabedingungen anzupassen. So brauchen wir uns nicht zu wundern, daß bestimmte Gattungen ihre Heimat haben. Im tropischen Asien gibt es Venusschuhe *(Paphiopedilum)*, Malayenblumen *(Phalaenopsis)*, Kahnorchen *(Cymbidium)*. Im tropischen Amerika finden wir diese nicht, dafür aber *Cattleya, Laelia, Oncidium, Odontoglossum, Epidendrum* und so weiter. Das sind zunächst nur Namen. Aber die Namen stehen ja für Pflanzenarten.
Die Verbreitung der Arten hängt also wesentlich mit den Lebensbedingungen zusammen. Andererseits haben sich aber die Orchideen in ihrer Lebensweise auch an ihre Umgebung angepaßt. Um so verwunderlicher ist es, daß trotz der vielfältigen Formen die gemeinsamen Merkmale, besonders bei den Blüten, ihr Aussehen bestimmen. Diese vielfältigen Gestalten lassen aber auch auf die Eigentümlichkeiten in ihrer Lebensweise schließen. Die Orchideen unserer Heimat wurzeln wie andere grüne Pflanzen in der Erde. Es sind Erdbewohner *(Terresiten, terra = Erde)*. In allen Orchideengebieten finden wir Erdorchideen. Außer den Orchideen mit Blattgrün gibt es auch einige, die kein Blattgrün bilden. Sie schmarotzen auf anderen Pflanzen, heißen daher Schmarotzer *(Saprophyten)*. Die *Saprophyten* leben von den Stoffen, die andere Pflanzen ausgebaut haben. Unter den einheimischen Orchideen haben wir die Nestwurz *(Neottia)* als Schmarotzer. In den Tropen kennen wir noch eine andere Lebensweise der Orchideen. Sie sitzen auf Bäumen oder Sträuchern, sie sind sogenannte Aufsitzer *(Epiphyten)*. Sie leben mit anderen Pflanzen in einer Lebensgemeinschaft, ohne sich gegenseitig sichtbar zu schädigen. Es sind also keine Schmarotzer, wie man es oft hören kann. Diese Lebensweise auf den Bäumen kann so weit führen, daß diese Orchideen keine Blätter mehr bilden. Die Aufgabe der Blätter übernehmen in diesen Fällen die Wurzeln. Das ist äußerste Konzentration!
In der Gestalt gliedern sich die Orchideen in Wurzeln, Sproß und Blätter. Man unterscheidet zwei Grundformen bei den Orchideen. Die eine Form hat eine Hauptachse. Sie wächst in der Richtung der Spitze (Scheitel) weiter. An dieser Achse sind in zwei gegenüberstehenden Reihen Blätter angeordnet. Man nennt die zweizeilig. Auch die Blütenstände entstehen seitlich an der Hauptachse. Diese Form heißt Einachser *(Monopodium)*. Die andere Form hat auch eine Hauptachse. Sie ist jedoch nicht so einfach zu erkennen. Meist liegt sie oder kriecht sie. Diese Achse setzt sich aus Teilstücken zusammen. Ein Teilstück ist der jährliche Längenzuwachs der Pflanze. Jede Teilachse beginnt mit dem Blattwachstum und endet mit dem endständigen Blütenstand. Man unterscheidet dabei eine gipfelblütige Scheinachse *(acranthes Sympodium)*. Es gibt eine Abwandlung dieser Form. Sie besteht darin, daß der Jahrestrieb in der Richtung der Hauptachse wächst. Am Ende des Jahreszuwachses entsteht aber keine Blüte, trotzdem kommt das Wachstum ins Stocken. Der Blütenstand erscheint an einer Seitenachse. Dies ist eine scheinblütige Scheinachse *(pleuranthes Sympodium)*. Die häufigste Wuchsform bei den Orchideen ist das *Sympodium*, seltener das *Monopodium*. Damit kommen wir der Beantwortung unserer gestellten Frage immer näher, was eine Orchidee ist. Eine Orchidee ist entweder eine ausdauernde, terrestrische, saprophytische oder epiphytische oder sehr selten eine unterirdische oder im Wasser lebende, krautige Pflanze, die selten klettert. Sie ist mit Wurzeln, Knollen oder Wurzelstöcken ausgestattet. Diese Wurzeln sind mit Pilzfäden durchzogen, sie heißen *Mycorrhiza. Mycorrhiza* ist ein Zusammenleben *(Symbiose)* auf Gegenseitigkeit.
Der Sproß ist meist krautig und beblättert. Die Blätter können bis auf Schuppen reduziert sein. Ein oder mehrere Sproßstücke (Zwischenknoten = *Internodien)* sind bei nahezu der Hälfte der Orchideen verschiedenartig angeschwollen. Diese Anschwellungen heißen Luftknollen oder Pseudobulben. Die epiphytischen Orchideen tragen oft am Sproß entspringende Luftwurzeln. Sie sind mit einer Schicht weißlich erscheinender Zellen besetzt. Diese Schicht besteht aus toten Zellen und dient zum Schutz gegen Hitze und Wasserverluste. Sie heißt das Velamen.
Die Blätter sind ungeteilt, gelegentlich an der Spitze geschlitzt, sel-

ten behaart. Sie sind wechselständig, selten gegenständig, oft zweizeilig angeordnet. Häufig sind sie fleischig, oft auch stielrund und laufen spitz zu oder sind gefurcht. Fast immer haben sie am Grunde eine Scheide, die häufig den Ansatz des Blütenstieles umschließt. Manchmal sitzt das Blatt mit einem stielförmigen Blattgrund am Sproß auf.

Der Blütenstand der Orchideen hat vier Formen: einblütig, ährenförmig, traubenförmig, rispenförmig. Der Blütenstand kann endständig oder achselständig entspringen, er kann dichte oder lockere Anordnung der Einzelblüten aufweisen in einer kugeligen oder zylindrischen Form. Die Blüten sind gelegentlich behaart oder bewimpert, oft mit einem Hochblatt versehen, meist zwittrig, sehr selten polygam oder einhäusig. Die Einzelblüte ist zygomorph, das heißt, sie hat eine unterschiedliche Vorder- und Rückseite, also nur eine Spiegelbildebene. Die Blüten sind ungestielt, verschiedentlich auch gestielt. Sehr oft ist die Blüte um 180° verdreht *(Resupination)*, wobei der Fruchtknoten diese Drehung im Wuchs verursacht. Es gibt auch nichtgedrehte oder um 360° gedrehte Blüten.

Die Blütenhülle oder das *Perianth* steht über dem *(epigyn)* Fruchtknoten. Es besteht aus sechs Teilen, die gewöhnlich frei, weniger häufig verschiedenartig angewachsen, verwachsen oder angehängt sind. Die Blütenblätter sind in zwei Kreisen oder Wirteln angeordnet. Beide Wirtel haben ähnliche Blütenblätter oder die Blütenblätter des äußeren Wirtels *(Sepalen)* sind kelchförmig und die Blütenblätter des inneren Wirtels *(Petalen)* sind kronblattähnlich oder aber die Blütenblätter des äußeren Wirtels sind kronblattähnlich und die des inneren Wirtels sind stark verkümmert. Das mittlere Blütenblatt des äußeren Wirtels *(dorsales Sepalum)* besitzt oft unterschiedliche Größe und Form im Vergleich zu den zwei seitlichen Blütenblättern. Es kann taschenförmig oder gespornt sein, mit einem oder zwei Sporen. Auch das mittlere Blütenblatt des inneren Wirtels ist fast immer deutlich von den beiden anderen unterschieden. Sind die Blütenblätter des äußeren Wirtels und die beiden seitlichen Blütenblätter des inneren Wirtels gleichartig geformt, so nennt man alle fünf Blütenblätter die *Tepalen*. Das gilt besonders dann, wenn sie in Größe, Form und Farbe sich ähnlich sind. Das mittlere Blütenblatt des inneren Wirtels heißt Lippe oder *Labellum*. Es ist mehr oder weniger gelappt, häufig geschlitzt oder gefranst, oft auffallend gefärbt, gefleckt oder mit Haaren, Borsten, Kämmen oder Ähnlichem besetzt. Die Lippe kann auch in einem Sporn oder Sack enden, der mit Nektar gefüllt ist. Es gibt in einzelnen Fällen noch kompliziertere Bildungen. In der Mitte der Blüte erhebt sich ein den Orchideen eigenes Organ, die Säule *(Columna)*. Es steht auf dem Fruchtknoten und heißt auch *Gynostemium*. Die Säule ist durch Verwachsungen von Teilen der Staubblätter und des Griffels entstanden. Auch für Staubblätter und Griffel gilt die Dreizahl. Die Pollenkörner *(Anthere)* sind meist zu einem kompakten Gebilde, dem

Orchideen und Farne als Epiphyten auf einem Ast

Pollinium, verklebt. Bei der Bestäubung werden sie als Ganzes übertragen. Der Griffel mit den Narben ist ebenfalls mit der Säule verwachsen. Bei den Orchideen können wir zwei Arten von Blüten hinsichtlich der Befruchtungsorgane unterscheiden: Die meisten Orchideen haben nur ein fruchtbares Staubblatt, das mittlere des äußeren, dritten Wirtels. Sie heißen ein-männig *(mon-andrisch)*. In einer Unterfamilie haben wir zwei fruchtbare Staubblätter (die vier Gattungen der Frauenschuhartigen). Es sind die zwei-männigen *(di-andrisch)*. Diese Staubblätter gehören zum innersten vierten Wirtel. Es sind die beiden seitlichen Staubblätter. Bei den *Monandrae* (Einmännigen) sind nur zwei Narbenlappen am Griffel fruchtbar. Der dritte Narbenlappen ist als *Rostellum* (= Haftorgan für das *Pollinium)* mit dem fruchtbaren Staubblatt verwachsen und liefert Klebescheibe und Stielchen für das Pollinium. Alle drei zusammen bilden das *Pollinarium*. Diese Einrichtung begünstigt die Bestäubung der *Monandrae*. Das *Pollinarium* wird als Ganzes vom bestäubenden Insekt übertragen. Mit der Klebescheibe klebt das *Pollinarium* am Insekt fest, das Stielchen welkt bald danach und gibt damit das *Pollinium* für die klebrige Narbe frei. Bei den *Diandrae* (Zweimännigen) wird das dritte, unfruchtbare Staubblatt zum *Staminodium,* die beiden fruchtbaren sitzen seitlich an der Säule. Der Griffel, der ebenfalls mit der Säule verwachsen ist, hat drei Narbenlappen. Die Ausbildung eines schuhartigen Gebildes aus dem mittleren *Petalum* sorgt als Gleitfalle für die richtige Bestäubung. Im äußeren Blütenblattkreis sind die seitlichen Blütenblätter zum *Synsepalum* verwachsen.

Der Fruchtknoten *(Ovarium)* steht unter der Blüte, ist also unterständig, besitzt ein Fach mit drei wandständigen Samenleisten. Selten kommt er mit drei Fächern vor. Die Samenleisten sind dann achselständig. Der Fruchtknoten bildet eine Kapsel. Sie enthält den Samen, der sehr leicht ist. Ein Samenkorn wiegt um ein einmillionstel Gramm. Die Samen sind ohne Nährgewebe. Da sie sehr leicht sind, können sie gut vom Wind verbreitet werden. Die Samen werden freigegeben, indem sich an der Samenkapsel drei oder sechs Längsschlitze bilden. Die Samenhüllen sind oft geflügelt. Da sie kein Nährgewebe *(Endosperm)* für die erste Entwicklung mit auf die Reise bekommen, gehen die Keimlinge eine Lebensgemeinschaft mit Bodenpilzen ein. Diese Bodenpilze siedeln sich in den Wurzeln der Orchideenkeimlinge an, sie heißen *Mycorrhizapilze.* Das ist eine Erklärung für die Schwierigkeiten, die die Orchideen bei der Keimung haben.

Einordnung in das Pflanzenreich (Systematik)

Die blühenden Pflanzen oder Blütenpflanzen werden auch höhere Pflanzen genannt. Sie heißen auch Bedecktsamer im Gegensatz zu den Nacktsamern oder Zapfenträgern, den Nadelgehölzen. Die Bedecktsamer teilt man in zwei Klassen ein, die Zweikeimblättrigen und die Einkeimblättrigen. Die Bedecktsamer heißen auch *Magnoliophyta,* weil sie wahrscheinlich am Anfang der Entwicklung der höheren Pflanzen stehen. Die Zweikeimblättler werden als Klasse *Magnoliatae* oder *Dicotyledoneae* bezeichnet, die Einkeimblättler nennt man *Liliatae,* weil sie möglicherweise sich von den Lilien herleiten oder *Monocotyledoneae,* da sie nur ein Keimblatt besitzen. Die Orchideen gehören zu den Lilienblütigen, das heißt zu den Einkeimblättrigen. Diese teilen sich in neun verschiedene Ordnungen *(ordo),* unsere Ordnung heißt *Orchidales.* Ältere Namen sind: *Gynandrae* und *Microspermae.* Verwandte Ordnungen sind zum Beispiel Lilien *(Liliales)* und Palmen *(Palmales).* – Die Ordnung der Pflanzen hat immer wieder die Wissenschaftler beschäftigt. Heute ist für die Orchideen die Einteilung nach Bentham-Lindley-Brieger (1975) die geeignetste. Zur Ordnung *Orchidales* gehört die Familie der Orchideengewächse, sie heißt: *Orchidaceae.* Diese *Orchidaceae* teilt man in fünf Unterfamilien ein, diese insgesamt wieder in 18 Stämme und diese wiederum in 70 Unterstämme. Die ganze Familie umfaßt ebenfalls die rund 750 Geschlechter oder Gattungen. Den Gattungen werden die Arten unterstellt, wovon mindestens 18000 bekannt sind. Die Reihenfolge innerhalb der Familie ist demnach: Familie, Stamm, Unterstamm, Gattung, Art. Die Art kann noch weiter aufgeteilt werden in Unterart *(Subspecies),* Varietät *(varietas)* und Form *(forma).* Das ist für diejenigen, die es ganz genau wissen wollen. Man braucht sich aber durch diese Einteilung und Zahlen nicht verwirren lassen. Die Zahl der Orchideen, die durch ihre Blüte für den Liebhaber von besonderem Interesse sind, kann man durchaus übersehen. Sie gehören zu ganz wenigen Stämmen. Die Einordnung beruht wesentlich auf den Merkmalen der Blüte. Beschreibt man eine Pflanze neu, dann müssen die gleichen Maßstäbe wie bei den anderen verwendet werden, damit die Einordnung systematisch vorgenommen werden kann. Diese Einordnungsreihe stellt das sogenannte System der Pflanzen dar. Jede Familie und damit jede Art hat ihre bestimmte Stellung innerhalb des Pflanzenreiches. Dies ist eine wichtige Voraussetzung, um schon einmal bekannte Pflanzen wiederzuerkennen oder wie man sagt: Um sie eindeutig bestimmen oder eindeutig benennen zu können.

Übersicht über das System der Orchideen
(nach Bentham-Lindley-Brieger)

Ordnung: *Orchidales* – Familie: *Orchidaceae*
Unterfamilie: (1) *Cypripedioideae*
Stamm: (1,1) *Selenipedieae,* (1,2) *Phragmopedieae,* (1,3) *Paphiopedileae,* (1,4) *Cypripedieae*
Unterstamm: (1,1,1) *Selenipediinae,* (1,2,1) *Phragmopediinae,* (1,3,1) *Paphiopedilinae,* (1,4,1) *Cypripediinae*
Gattung: (1,1,1,1) *Selenipedium,* (1,2,1,1) *Phragmopedium,* (1,3,1,1) *Paphiopedilum,* (1,4,1,1) *Cypripedium.*
Dieses Beispiel zeigt den Aufbau des Systems. Es bedeutet auch gleichzeitig, daß die Unterfamilie der *Cypripedioideae* vier Stämme, vier Unterstämme und vier Gattungen hat, aber jede Gruppe nur eine weitere Untereinheit besitzt. Hier folgt nur eine Übersicht von Gattungen, die für den Liebhaber von Interesse sind, aus denen nachher Arten vorgestellt werden.

(2) Orchidoideae
- (2,1) Orchideae mit vier Unterstämmen
- (2,1,1) Gymnadenia, Platanthera

(2,1,2) Ophrys, Serapias, Barlia, Orchis, Dactylorhiza
(2,1,3) Habenearia
(2,2) Disaeae, (2,2,1) Disa
(2,3) Satyrieae, (2,3,1) Satyrium

(3) Neottioideae
(3,1) Tropideae
(3,2) Neottieae: Listera, Neottia, – Epipactis, Cephalanthera, – Goodyera, Haemaria, Macodes
(3,3) Spirantheae: Spiranthes

(4) Epidendroideae
(4,1) Podochileae: – Mediocalcar, Nanodes
(4,2) Arethuseae: Bletilla
(4,3) Epidendreae: Epidendrum, Encyclia, Cattleya, Laelia, Rhyncholaelia, Brassavola, Schomburgkia, Sophronitis – Dendrobium, Eria – Bulbophyllum, Cirrhopetalum – Phajus – Calanthe – Chysis Bletia – Coelogyne, Pleione – Dendrochilum

(5) Vandoideae
(5,1) Vandeae: Sarcochilus, Aerides, Doritis, Rhynchostylis, Phalaenopsis – Ascocentrum – Vanda, Vandopsis, Arachnis, Renanthera – Saccolabium, Trichoglottis – Aeranthes – Ascocentrum – Angraecum –
(5,2) Maxillarieae: Aerangis – Ansellia – Cymbidium – Maxillaria, Bifrenaria, Lycaste –
(5,3) Oncidieae: Huntleya, Zygopetalum, Promenea – Gongora, Stanhopea, Acineta – Oncidium, Odontoglossum, Brassia, Miltonia – Trichopilia, Cochlioda –
(5,4) Cataseteae: Catasetum, Mormodes, Cycnoches

Die Orchideen sind erdgeschichtlich gesehen eine junge Pflanzenfamilie. Das zeigt sich unter anderem auch in der Fähigkeit, sehr leicht zu bastardisieren. Man versteht darunter die Möglichkeit der Paarung oder Kreuzung von Art zu Art und sogar von Gattung zu Gattung. Was aus solchen Kreuzungen entsteht, bezeichnet man als Bastard oder *Hybride.* Es sind neue Individuen, die ihre besonderen Eigenschaften besitzen, entstanden. *Ersthybriden,* das heißt Kreuzungen von Arten untereinander aus der gleichen oder verschiedenen Gattungen, zeigen oft sehr deutlich die Merkmale der Eltern. In der Regel bringen diese Neulinge noch auffallendere Blüten als die Eltern. Die *Hybriden* bestimmen heute das Erscheinungsbild der Orchideen. Sie bereichern die Auswahl durch ihre Farben- und Formenvielfalt ganz erheblich. Außerdem sind die *Hybriden* viel weniger empfindlich in der Kultur. Es ist von außerordentlicher Bedeutung, den Wert der *Hybriden* sehr hoch einzuschätzen, um damit die natürlichen Arten zu schonen, denn sie sind durch die Gier der Men-

Cymbidium Mystique var. Delight, ein Miniaturcymbidium

schen an vielen Stellen zum Aussterben verdammt. Durch Abholzen der Wälder verändert beziehungsweise zerstört man ihre Lebensbedingungen, oder die Standorte werden durch Raubzüge vollkommen ausgeplündert, um Liebhaberwünsche zu befriedigen. Daher sollte sich der Liebhaber – zumindest in den ›Lehrjahren‹ – nur den *Hybriden* als Versuchspflanzen zuwenden. Ein Verlust ist ersetzbar. Inzwischen ist die Zahl der *Hybriden* mehr als doppelt so groß wie die der natürlichen Arten. Um eine mögliche Verwirrung auszuschließen, sollen alle Kreuzungen bei der Königlichen Gartenbau-Gesellschaft in London als internationaler Stelle angemeldet werden. Es gibt außerdem eine internationale Orchideen-Kommission, die sich mit der Benennung und Registrierung der Orchideen beschäftigt.

Artenschutz und Sammlungen

Technische Entwicklungen und schnellere Verbindungen haben den Orchideen Möglichkeiten für ihre Pflege in den gemäßigten Zonen geschaffen. Das begann vor rund 150 Jahren. Es entstanden gegenseitige Abhängigkeiten. In den tropischen Ländern wurde eifrig gesammelt, um die Wünsche in den Industrieländern zu erfüllen. Manche Pflanze hat aber trotz intensiver Pflege im Laufe der Jahrzehnte nicht überlebt. So ist der Ruf nach dem Schutz der Orchideen und anderer gefährdeter Pflanzen und Tiere immer größer, ja unüberhörbar geworden. Schutzgebiete müssen errichtet werden, um die Lebensbedingungen zu erhalten. Aber das genügt nicht alleine. Bedrohte Arten müssen in Sammlungen gepflegt und vermehrt werden, um daraus die Nachfrage zu befriedigen. Sie können auch Heimatgebiete wiederbesiedeln. Ohne Frage hat der Mensch ein Recht, Orchideen zu pflegen, er muß sich aber auch verpflichtet fühlen, seinen Beitrag zum Schutz zu leisten. Viele Staaten haben sich im »Washingtoner Abkommen« verpflichtet, gemeinsame Schritte zum Schutze bedrohter Pflanzen- und Tierarten zu tun. Kontrollen werden den weltweiten Handel überwachen und Schaden abwenden.

Seit Jahrzehnten schon sind unsere einheimischen Orchideen geschützt. Sie sind besonders bedroht, weil die Zivilisation schon seit hundert Jahren auf ihre Standorte übergegriffen hat und weil sich nur sehr wenige Pflanzenfreunde mit ihnen beschäftigen, um sie gärtnerisch zu vermehren. Auch ist der Wunsch deutlicher geworden, sie im Garten als Besonderheiten zu haben. Versuche zu ihrer Kultur haben in der letzten Zeit gute Ergebnisse gebracht. Wir können hoffen, daß dieser Wunsch allmählich erfüllt werden kann. Inzwischen gibt es die meisten der interessanten tropischen Orchideen in gärtnerischen Kulturen. Die Möglichkeiten für die Vermehrung aus Samen, aus Teilungen oder aus bestimmten Pflanzenteilen *(Meristeme)* sind so gut entwickelt, daß nahezu alle Arten neben den *Hybriden* unter kontrollierten Bedingungen herangezogen werden können.

Pflanzensammlungen in Botanischen Gärten und Orchideengärtnereien sind zugänglich. In Berlin, Hamburg, München, Heidelberg und im Palmengarten in Frankfurt gibt es größere Orchideensammlungen. Sehenswert sind auch die Ausstellungen im Frühjahr und Herbst in verschiedenen Städten.

Blütenstand von Paphiopedilum von vorne und seitlich (Paphiopedilum glaucophyllum var. primulinum)

Arten und Hybriden

Um die gegebene Ordnung mit Leben zu erfüllen, werden Arten und Hybriden einzeln und in ihrem Verwandtschaftskreis dargestellt. Die Beschreibungen sollen Orchideen vorstellen, die sich als Schnittblumen oder als Topfpflanzen bewährt haben.

Die Frauenschuhorchideen und ihre Verwandten
(Cypripedioideae)

Zur Unterfamilie der Frauenschuhorchideen werden vier Gattungen gerechnet: *Selenipedium, Phragmopedium, Paphiopedilum, Cypripedium.* Ihre gemeinsamen Merkmale sind zwei Staubblätter. Eines der inneren Blütenblätter ist zu einer Art Lippe umgewandelt. Es wird als Schuh bezeichnet. Von den äußeren Blütenblättern bildet das oberste die Fahne *(Sepalum),* die beiden anderen sind zu einem verwachsen, meist durch den Schuh verdeckt *(Synsepalum).* Die beiden seitlich abstehenden inneren Blütenblätter heißen *Petalen.* Neben den beiden Staubblättern befindet sich noch ein drittes, unfruchtbares, in der Art eines Schildchens *(Scutellum).* Die Drehung des Fruchtknotens *(Resupination)* erfolgt bei den Frauenschuhverwandten durch Überkippen der Knospen.

Selenipedium kommt in mehreren Arten in Mittel- und Südamerika vor. Diese Arten sind noch nie in Kultur gewesen und haben keine ansehnlichen Blüten.

Phragmopedium-Arten sind ebenfalls in Mittel- und Südamerika heimisch. Sie sind an den eingerollten Schuhrändern erkennbar. Der Fruchtknoten hat drei Fächer.

P. caudatum, Heimat Peru, Ecuador, Costa Rica: in Höhen von 1500–2500 m, bis 1 m hoch, Blätter 25–40 cm lang, 3 cm breit, Blüten groß, mit spitz zulaufenden *Sepalen* und ca. 50 cm langen hängenden, schwanzartigen *Petalen,* Farben: gelb-grün-braun. Blütezeit: April bis August.

Phragmopedium caudatum, eine Naturform aus Peru und Costa Rica

P. longifolium, Heimat Costa Rica: in Höhen von 2000 m, bis zu sechs Blüten, aber nur eine offen, Farben: grün, purpur gestreift und braun überlaufen. Blütezeit: fast ganzjährig.

P. schlimii, Heimat Kolumbien: in Höhen von 1500–2000 m, 30–50 cm hoch, bis zu fünf Blüten, klein, *Sepalen* und *Petalen* ellipsenförmig, Farben: weiß bis rosenrot, Blütezeit: ganzjährig.

Phragmopedium-Hybriden (Riemenfrauenschuh-Kreuzungen)
Es gibt eine Reihe schon sehr alter Kreuzungen, die sehr schön sind und jedes Jahr blühen. Da die Blüten nacheinander aufgehen, hat man lange Freude daran.

P. Cardinale, (P. sedenii x P. schlimii) Farbe: weiß bis karmesinrot, Blütezeit: Dezember bis Januar.

Phragmopedium Schroederae

Phragmopedium-Hybriden

P. Dominyanum (caricinum x P. caudatum), die erste Hybride der Gattung, mit 20 cm langen, hängenden *Petalen,* Farbe: trübweiß-gelb-grün-braun, Blütezeit: Juli bis August.

P. Grande (P. longifolium x P. caudatum) mit der größten Blüte und 40 cm langen, hängenden *Petalen,* Farbe: gelb-grün-braun, Blütezeit: Juli bis August.

P. Schroederae (P. caudatum x P. sedenii), die schönste Hybride, rosenfarbig mit grünlicher Aderung, Blütezeit: Dezember bis Januar.

P. sedenii (P. schlimii x P. longifolium), Farbe: elfenbein-rosa, Blütezeit: August bis Oktober.

Arten wie *Hybriden* sind etwas aus der Mode gekommen, man findet sie nur noch in alten Sammlungen.

Paphiopedilum – Venusschuh

Der Venusschuh gehört zu den beliebtesten Orchideen, die wir kennen. Bei geschickter Auswahl kann man das ganze Jahr über blühende Pflanzen haben. Das gilt für die Naturformen wie für die Züchtungen. Als Schnittblumen wie an der Pflanze sind sie wochen- ja monatelang haltbar. *Paphiopedilum* ist ein *Geophyt,* eine Pflanze, die auf der Erde wächst, im Laubhumus mit Moos und Gras als Bedecker, seltener auf Fels oder in Astgabeln von Bäumen. Die Heimat ist Südostasien, vom Himalaya bis Neuguinea und Hinterindien, sowie Malaysia und Indonesien und die Philippinen. Es sind Pflanzen des tropischen Regenwaldes.

Paphiopedilum besitzt keinen Stamm. Die Blätter sind band- oder riemenförmig, auch leicht eiförmig, in der Mitte gefaltet, grün oder grün-marmoriert. Sie stehen gegenständig. Der Blütenschaft bildet sich in der Mitte und ist endständig, das heißt der Trieb findet mit der Blüte seinen Abschluß. Der Schaft ist drahtig und behaart, trägt eine oder mehrere Blüten. Bei der Paphiopedilumblüte sind wie bei den Verwandten besonders die vergrößerte Fahne *(Sepalum)* und die seitlichen *Petalen* mit dem Schuh von besonderer Ausdruckskraft. Der Schuh dient als Hilfe für die Bestäubung (Falle). Auch bei *Paphiopedilum* haben wir ein drittes, unfruchtbares Staubblatt, das *Staminodium.* Es steht zentral in der Blütenmitte. Es sind rund 60 verschiedene Arten bekannt, und durch die »Erschließung« der Urwälder kommen immer wieder neue Arten hinzu.

Die Paphiopedilum delenatii-Gruppe

Paphiopedilum delenatii aus Hinterindien bezeichnen viele als den schönsten Frauenschuh. Die Blüte ist weiß-creme-rosafarben und duftet. Das *Staminodium* ist besonders auffallend gezeichnet mit roten Flecken. Die Blätter sind saftgrün marmoriert. Die Blüte auf 25 cm hohem Schaft erscheint im Frühjahr.

P. concolor, Heimat Burma, Thailand: blüht weißlich gelb, auf 10 cm hohem Stiel, oft zweiblütig. Fahne und *Petalen* sind wie bei *P. delenatii* abgerundet eiförmig. Die Blätter sind dunkelgrün mit graugrüner Zeichnung. Blütezeit: Frühsommer.

P. godefroyae, Heimat Malaysia: die Blütenblätter sind fleischig, weißgrundig und fein rot punktiert auf 10–15 cm hohem Schaft und schalenförmig gewölbt. Die Blätter haben eine helle schachbrettartige Zeichnung. Blütezeit: Frühsommer.

P. bellatulum, Heimat Burma, Nordthailand: schmale, zungenförmige dunkelgrüne Blätter mit heller Fleckung, unten verwaschen purpur. Der Blütenstiel ist sehr kurz, 5 cm. Die Blütenblätter sind fleischig, weiß mit purpurnen Flecken. Die Fahne ist fast rund, die *Petalen* sind stumpf, etwas abgebogen, der Schuh ist grünlich mit feiner purpurroter Punktierung, kurz und eiförmig. Blütezeit: Frühjahr.

Paphiopedilum delenatii aus Indochina

Paphiopedilum philippinense

P. niveum, Heimat: Inseln in der Nähe der Halbinsel Malakka. Die Blätter sind bandförmig, oben dunkelgrün grau gezeichnet, unterseits grünpurpur. Der Blütenschaft ist 15–25 cm hoch, oft zweiblütig. Die Blüte hat 6 cm Durchmesser, die Fahne ist muschelförmig, die *Petalen* sind eiförmig, die Ränder gewellt. Die Blütenblätter sind reinweiß und stellenweise fein rotpunktiert. Die Lippe ist eiförmig, bauchig gewölbt, steht nach vorne vor. Das *Staminodium* hat meist zwei gelbe Flecken. Blütezeit: Frühsommer.

Die Paphiopedilum rothschildianum-Gruppe umfaßt sehr attraktive Blüher mit ausgeprägter Zeichnung der Aderung auf *Sepalen* und *Petalen.* Der Schaft ist meist mehrblütig, die Grundfarben der Blüten sind weißgrundig mit rotbrauner Streifung. Die Blätter sind sehr lang und breit, meist von harter Substanz.

P. rothschildianum, Heimat Borneo, Sumatra. Die bandförmigen Blätter (60 cm lang, 4 cm breit) sind flachliegend und dunkelgrün. Der Schaft ist 60 cm hoch, 2–5blütig, Blüten mit 15 cm Durchmesser. Die Fahne ist oval, muschelförmig, weißgelblich, dunkelpurpur gestreift. Die *Petalen* sind 12 cm lang, bandförmig zugespitzt, an den Enden gedreht, am Rande gewellt, weißgrüner Grund mit purpurner Streifung und Fleckung, am Rande stark behaart. Die Lippe ist schmutzig purpur mit netzartiger Zeichnung, die Form ist spitzeiförmig. Blütezeit: Hochsommer.

P. elliottianum, obiger ähnlich, aber heller und klarer gezeichnet, insgesamt nicht so groß, *Petalen* ohne Drehung, nicht so stark behaart. Blütezeit: Frühsommer.

P. stonei, Heimat Borneo: auf Kalkfelsen, schwierige Art.

P. philippinense, Heimat Philippinen: Blätter bandförmig, stumpf endend (30 cm lang, 4 cm breit). Schaft 50 cm hoch, 3–5blütig, Blüte 5 cm breit, Fahne breit, eiförmig zugespitzt, weißgelblich mit violetten Längsstreifen, *Petalen* schief nach unten hängend, nach vorn verschmälert, 10–15 cm lang, in sich gedreht, braunviolett gestreift, mit Warzen, Lippe gelb mit grünem Netzwerk. Blütezeit: Hochsommer.

P. randsii, Heimat Philippinen: Neueinführung Ende der 60er Jahre, im Gesamtbild dem *P. philippinense* nicht unähnlich, jedoch deutlich grünlichere Farbe, mit 5 cm langen *Petalen,* die nicht gedreht sind. Schwierige Kultur. Blütezeit: Spätsommer.

Paphiopedilum haynaldianum

Paphiopedilum:
P. roebelenii, Heimat Philippinen: ebenfalls dem *P. philippinense* sehr ähnlich. Blüten etwas kleiner, Fahne weißgelb mit purpurnen Streifen, *Petalen* etwas kürzer, gelb, mit Warzen am Rand, purpurne Streifung an den Enden in dunkelbraun-purpur übergehend. Lippe grünlichgelb. Blütezeit: Spätsommer.
P. praestans, Heimat West-Irian: mit bandförmigen, stumpfen Blättern (30 cm lang/3 cm breit), grün, Blütenschaft bis 50 cm hoch, 2–4blütig, Blüte 10 cm breit. Fahne ellipsenförmig, spitz, weißlich mit purpurroter Streifung. *Petalen* schmal verlaufend gedreht, ca. 10 cm lang, gelbgrün mit rotbrauner Aderung, Warzen am Grunde. Lippe glänzend gelb, rot überlaufen. Blütezeit: Früh-Hochsommer.
P. bodegomii, eine neue Art, Heimat südliches West-Irian: auf Kalkfelsen. Dem *P. praestans* ähnlich, jedoch insgesamt mehr gelb gefärbt. Die Aderung ist tiefrotbraun, die *Petalen* sind im letzten Drittel voll ausgefärbt und gedreht, dabei sehr ausgeprägt nach rückwärts geschlagen. Blütezeit: Spätwinter–Frühjahr.

Die Paphiopedilum lowii-Gruppe umfaßt: *P. lowii, P. haynaldianum* und *P. parishii.* Sie ist durch einheitlich bandförmige, spitz zulaufende grüne Blätter charakterisiert (30 cm lang/3 cm breit). Der Blütenschaft ist ca. 50 cm hoch und mehrblütig. Die *Sepalen* und *Petalen* sind meist auffällig gefleckt.
P. lowii, Heimat Borneo: ein Epiphyt, auf Bäumen oder Kalkfelsen. Blüte 10 cm breit, Fahne elliptisch, zugespitzt, unten zurückgebogene Ränder, Grund ist braun, nach oben grün werdend, braun gestreift. *Petalen* schief abgebogen, bandartig, vorne breiter, gelbbraun gefleckt mit violettrosa Enden. Lippe braungrün mit braunen Streifen. Blütezeit: Frühsommer.
P. haynaldianum, Heimat Philippinen: Blüte bis 15 cm breit, *Sepalen* und *Petalen* grün nach rosenrot verlaufend, mit großen braunen Flecken. *Petalen* abstehend, ziemlich lang, Schuh grünlich, braun überlaufen. Blütezeit: Frühsommer.
P. parishii, Heimat Südburma und Nordthailand: Blütenschaft bis zu 6 Blüten, einzelne Blüte 7 cm breit. Fahne elliptisch, stumpf, gelbgrün, *Petalen* stark abgewinkelt herabhängend, bandförmig stumpf endend, in sich gedreht, gelbgrün mit brauner Fleckung und dunklen, behaarten Warzen, Enden tiefbraun, Lippe gelbgrün. Blütezeit: Sommer.

Die Paphiopedilum chamberlainianum-Gruppe umfaßt *P. chamberlainianum, P. glaucophyllum* und *P. victoria-mariae.* Sie ist durch breite, lange Blätter gekennzeichnet, die bandförmig und stumpf sind (30 cm lang/bis 6 cm breit). Die Blütenschäfte sind bis 40 cm lang, mehrblütig, wobei sich die Blüten einzeln entwickeln. Alle blühen das ganze Jahr über ohne Unterbrechung.
P. chamberlainianum, Heimat Sumatra: auf Kalkfelsen, in Höhen von 2000 m. Die Einzelblüte ist bis 10 cm breit, Fahne fast kreisrund, grünlich, am Grund und in der Mitte bräunlich, der Rand ist weiß. *Petalen* waagerecht abstehend, bandförmig gewellt und gedreht, grünlich-rosenrot mit vielen braunen Punkten. Lippe hellgrünrandig, mit vielen roten Punkten bedeckt.
P. glaucophyllum, Heimat Java: in vielen neueren Abarten bekannt geworden. In der Gestalt dem *P. chamberlainianum* ähnlich, Fahne jedoch rund spitz zulaufend, weißgelb-grünlich, *Petalen* weißgelb stark rotpunktiert und gedreht, Lippe schmutzig violett.
P. victoria-mariae, Heimat Sumatra: mit schmaleren Blättern, grün, unterseits rot angelaufen. Fahne weißgrün, rot gestreift, *Petalen* waagerecht abstehend, grün, rotrandig, Lippe purpurbraun mit grünfarbener Öffnung. Blütezeit: Frühsommer.

Die Paphiopedilum insigne-Gruppe ist etwas uneinheitlich. Man rechnet dazu: *P. insigne* und das kaum bekannte *P. gratrixianum, P. villosum* und *P. boxallii, P. exul, P. druryi, P. charlesworthii, P. spicerianum, P. hirsutissimum.* Sie kommen in Hinterindien und Vorderindien vor. Die Blätter sind meist bandförmig, linealisch, grün, oft in

dicken Tuffs stehend (25 cm lang/2–3 cm breit). Der Blütenschaft ist stets einblütig.
P. insigne, Heimat Himalaya: Schaft 20 cm hoch, Blüte 10 cm breit. Fahne rundlich, gelbgrün grundig mit weißer Spitze und großen braunen Flecken. *Petalen* schief abstehend, gelbgrün mit brauner Aderung. Lippe gelbgrün, braun überlaufen. Mit vielen Unterarten! Blütezeit: Winterhalbjahr.
Unterart: *P. insigne var sanderae* mit hellgelber Blüte, weißrandig.
P. villosum, Heimat Burma, Nordthailand: Blüte 15 cm breit, Fahne elliptisch, olivbraun mit weißem Rand. *Petalen* abstehend, braungelb, obere Hälfte dunkler, glänzend. Lippe mit braungelber und heller Aderung. Blütezeit: Winter und Frühjahr.
P. boxallii, dem obigen sehr ähnlich, jedoch mit stark gefleckter Fahne.
P. exul, Heimat Thailand: Blüten ähnlich *P. insigne,* aber kleiner. Fahne grünlich weißrandig, braungefleckt, *Petalen* gelb mit purpurner Mittellinie, Lippe glänzend gelb. Blütezeit: Sommer.
P. druryi, Heimat Südindien: seltene Art mit reingelber Blüte und violettem Mittelstreifen in Fahne und *Petalen.* Blütezeit: Sommer.
P. charlesworthii, Heimat Bengalen, Nordburma: Schaft bis 15 cm hoch, einblütig, 6 cm breit. Fahne rund, rosenrot, *Petalen* waagerecht abstehend, grünlichbraun mit grünen Adern, Lippe von gleicher Farbe. Blütezeit: Herbst.
P. hirsutissimum, Heimat Thailand, Assam: Schaft 20 cm hoch, einblütig. Blüte bis 15 cm breit, Fahne grün, violett überlaufen, *Petalen* abstehend, gewellt, grüngrundig bis violett, braun punktiert, Lippe braun-violett. Blütezeit: Frühjahr.
P. var. Sukhakul: Neueinführung aus Thailand Anfang 70er Jahre. Farbe leuchtend gelb-violett, nicht schmutzig, sehr interessant!
Die Paphiopedilum bulleninanum-Gruppe ist im indomalayischen Raum beheimatet. Zu ihr sind zu rechnen: *P. bulleninaum, P. appletonianum (P. wolterianum), P. linii, P. hookerae, P. amabile, P. robinsonii, P. sublaeve, P. bundtianum.* Alle Orchideen sehen sich mehr oder weniger ähnlich. Für den Botaniker ist es eine schwierige Gruppe. Die Blätter sind bei allen zungen- bis eiförmig, mit weißgrüner Schachbrettzeichnung (15 cm lang/3 cm breit). Der Schaft ist einblütig, bis 50 cm lang, Einzelblüte bis 12 cm breit, Fahne ziemlich klein, eiförmig, zugespitzt, gelbgrün bis bräunlich, kapuzenartig. *Petalen* von gelbgrün nach rosenrot verlaufend mit dunklen Warzen am Rande. Lippe schlank, spitz auslaufend, grünlich braunrot. Blütezeit: Frühjahr bis Sommer.

Paphiopedilum villosum in verschiedenen Varietäten (oben); Paphiopedilum hirsutissimum var. Sukhakul, neu aus Nordthailand (unten)

Die Paphiopedilum barbatum-Gruppe: Diese umfangreichste Gruppe hat Vertreter im ganzen Verbreitungsgebiet von *Paphiopedilum*. Dem *P. barbatum* aus Malakka steht *P. callosum* aus Thailand, Kambodscha, Laos sehr nahe. Auf den Philippinen sind zu Hause: *P. argus, P. ciliolare* und die neuentdeckten Arten *P. acmodontum* und *P. hennisianum*. Auf Borneo findet man *P. dayanum, P. lawrenceanum*, um Hongkong: *P. purpuratum*, in Indonesien: *P. curtisii, P. javanicum, P. tonsum*, aus Neuguinea kommen *P. violascens* und *P. bougainvilleanum*, aus Thailand *P. sukhakulii*, und aus dem Himalaya *P. fairieanum* und *P. venustum*.

Auch diese Gruppe verfügt über mehr oder weniger deutlich marmorierte oder schachbrettartig gefleckte Blätter. Sie sind meist riemenförmig, stumpf (15 cm lang/5 cm breit). Der Blütenschaft ist immer einblütig, 15–50 cm lang, behaart.

P. barbatum: Blüte 6–10 cm breit. Fahne weißgrundig, braunrote Nerven, *Petalen* abwärts geneigt, zungenförmig, grüngrundigpurpurn mit schwarzen Warzen, Lippe purpurbraun. Blütezeit: April bis August.

P. callosum: Schaft bis 25 cm hoch, meist einblütig, 10 cm breit, in Grundfarbe ähnlich obiger, jedoch stark grün unterlaufen, Lippe größer, nach oben offen. Viele Varietäten! Blütezeit: März–Juli.

P. argus: Schaft bis 40 cm, einblütig. Fahne eiförmig, spitz, weißgrundig grün- und rotnervig. *Petalen* spitz-zungenförmig, weiß-rot mit vielen Warzen. Lippe oben breit spitz zulaufend, purpurbraun, grünlich geadert. Blütezeit: Frühjahr bis Frühsommer.

P. ciliolare: Mit breiter, spitzer Fahne, weiß braungestreift. *Petalen* stark nach unten gebogen, bandförmig, rötlich, schwarzpurpur gefleckt. Lippe braunrot. Blütezeit: Frühsommer.

P. acmodontum: einblütig. Fahne eiförmig zugespitzt, weißgrundig, grünpurpur überlaufen. Nerven mit purpurnen Flecken besetzt. *Petalen* spatelförmig, weißgrundig nach rosa verlaufend, grünadrig und gepunktet. Lippe olivgrün mit spitzem Zahn in der Mitte des oberen Randes. Blütezeit: Frühjahr bis Frühsommer. Sehr schöne Art!

P. hennisianum: einblütig, Schaft 30 cm hoch, Blüte 10 cm breit. Fahne dreieckig abgerundet, weißgrundig, grün-violettnervig, *Petalen* bandförmig, spitz auslaufend, weißgrundig, grünnervig, purpur überlaufen. Auf Nerven mitten und an Rändern Punktierung. *Petalen* nach rückwärts geschlagen. Lippe braunpurpur. Blütezeit: Sommer.

P. dayanum: Große Einzelblüte (15 cm) auf 20 cm Schaft. Fahne eiförmig zugespitzt, weiß mit grüner Aderung. *Petalen* langbänderig mit Purpurstreifung. Lippe braunrot. Blütezeit: Frühsommer.

Paphiopedilum callosum und P. barbatum (oben); Paphiopedilum Papa Röhl (Mitte), eine Kreuzung aus P. sukhakulii und P. fairieanum (unten)

P. lawrenceanum: Schaft einblütig, Blüte 12 cm breit, 25 cm hoch, Fahne kreisrund zugespitzt weiß violett gestreift. *Petalen* waagerecht abstehend, bandförmig, hellgrün bis purpurbraun mit schwarzen Warzen am oberen Rand. Lippe braunpurpur. Blütezeit: Frühsommer.
P. purpuratum: Auf 15 cm hohem Schaft eine Blüte, weiß-grünlicher Grund mit purpurnen Streifen. *Petalen* mit vielen kleinen Warzen. Lippe rötlichbraun. Blütezeit: Sommer.
P. curtisii: Schaft 25 cm hoch, einblütig. Blüte 10 cm breit. Fahne breit eiförmig, spitz, grün, weißrandig, purpur gestreift. *Petalen* grünlichrot, an der Spitze heller, dicht purpur gefleckt. Lippe dunkel rotbraun. Blütezeit: Frühjahr bis Frühsommer.
P. javanicum: 25 cm hoher, einblütiger Schaft mit hellgrün-dunkelgrün innervierter Blüte. Blüht im Sommer.
P. tonsum: Auf einblütigem Schaft, relativ große Blüte in rehfarben mit grün unterlegt, braun überlaufen. Blüte im Frühjahr bis Sommer.
P. violascens: Einblütig auf 25 cm hohem Schaft. Blüte weißlich, olivgrün besonders Lippe, insgesamt violett überlaufen. Blütezeit: Sommer.
P. sukhakulii: Einblütiger Schaft wechselnder Länge mit großer Blüte. Fahne weißgrüngestreift spitz-eiförmig, *Petalen* breit waagerecht, spitz auslaufend, weiß-grünstreifig, mit zahllosen Punkten schokoladenfarben besetzt, Ränder stark behaart, Lippe grünlich, rotbraunüberlaufen. Ausdrucksvolle Art. Blütezeit: Frühjahr bis Herbst.
P. fairieanum: Kleinblütig, einblumiger Schaft 20 cm lang. Blüte weißgrundig, rotbraun gestreift. *Petalen* abgewickelt und nach außen geschwungen, sichelartige Haltung, Lippe grünrot, purpur geadert. Blütezeit: Sommer.
P. venustum: Einblütiger Schaft, 15 cm lang. Blüte 8 cm breit. Fahne weiß grüngestreift. *Petalen* waagerecht stehend, band- bis spatelförmig, grünlich-rötlich in braun endend, schwarze Warzen. Lippe gelbgrün, rötlich überlaufen, grünadrig, Öffnung braungelb. Blütezeit: Winter.
Die Paphiopedilum mastersianum-Gruppe ist klein. Es können dazu gerechnet werden: *P. wentworthianum* und *P. zieckianum.* Beide sind ohne Bedeutung.
P. mastersianum: Einblütiger Schaft mit 40 cm Länge. Blüte 12 cm breit. Fahne rund, grün, heller umrandet, *Petalen* waagerecht, braun mit Warzen, Lippe kupferbraun. Blütezeit: Spätes Frühjahr bis Sommer.

Paphiopedilum acmodontum, eine Neuentdeckung von den Philippinen (oben); Paphiopedilum mastersianum von der Insel Ambon (unten)

Paphiopedilum Harrisianum, erste Kreuzung aus P. villosum × P. barbatum

Paphiopedilum-Hybriden

Seit Mitte des 19. Jahrhunderts der Venusschuh in Europa bekannt geworden war, ist er in der Beliebtheit kaum von einer anderen Orchidee übertroffen worden. Es gibt viele Gründe dafür, daß sich die Gärtner mit ihm beschäftigt haben. 1869 erblühte in England die erste Züchtung: *Paphiopedilum Harrisianum,* eine Kreuzung aus *P. villosum x P. barbatum,* ein Sommerblüher, der heute noch bedeutend ist für die Orchideenzucht. In dieser ersten Zeit beherrschten wenige Arten die Züchtung: *P. insigne, P. barbatum, P. villosum, P. venustum, P. niveum, P. spicerianum.*

In der folgenden Übersicht sind die ersten, noch heute interessanten *Hybriden* kurz beschrieben. Die Mutterpflanze steht, soweit dies bekannt ist, immer an erster Stelle.

P. Arthurianum (insigne x fairieanum), Blumenblätter gewellt, gebogen, hellgelbgrün, rotbraun geadert, Lippe hellgelbgrün braun getuscht. Blütezeit: November bis Dezember.

P. Ashburtoniae (insigne x barbatum), mit apfelgrüner Fahne, *Petalen* und Lippe rötlich braun, dunkler geadert. Blütezeit: Oktober bis Dezember.

P. Calophyllum (barbatum x venustum), Fahne weiß, grünadrig mit purpurner Mittellinie, am Grund braunpurpur. *Petalen* grünlich mit purpurner Mittelader, Nebenadern gelbbraun, Lippe purpurbraun. Blütezeit: Januar bis März.

P. Crossianum (venustum x insigne), Fahne apfelgrün, dunkler geadert, schwarzfleckig, weißrandig, *Petalen* grün bis gelbbraun, braun punktiert, rotbraun geadert, Lippe grünlichbraun, stark geadert. Blütezeit: November bis Januar.

P. Fitchianum (hookerae x barbatum?), Fahne grünlich weiß, grünadrig, *Petalen* frisch grün, dunkler geadert vorn trüb purpur, Lippe gelbgrün mit purpur, dunkelgrün geädert. Blütezeit: September bis Oktober.

P. Germinyanum (villosum x hirsutissimum), mit über 10 cm breiter Blüte. Fahne braun, schwarzpunktiert, gelbgrünrandig, *Petalen* gewellt mit gelbgrün und weinroter Mitte, vorn breiter violettpurpur. Blütezeit: März bis Mai.

P. Harrisianum (villosum x barbatum), von Dominy bei Veitch-Chelsea-London 1869 gezüchtet. Wuchs ähnlich *P. barbatum.* Blüte 12 cm breit. Fahne weinrot, dunkler geadert. *Petalen* von gelbgrün nach braunpurpur, Aderung schwarzpurpur, Lippe blaßpurpurn mit dunkler Aderung. Blütezeit: Januar bis März. Meistbenutzte Hybride für die Zucht.

P. Jo (argus x lawrenceanum), Fahne weiß, grün und purpurn geadert, *Petalen* von grün bis blaßpurpurn, mit schwarzen Warzen. Lippe grünlich bis braunpurpur. Blütezeit: Juli bis August.

P. Lathamianum (spicerianum x villosum), Fahne weiß, grüngrundig mit purpurnem Mittelstreifen. *Petalen* gelbgrünbräunlich mit dunkler Mitte, Lippe grünbraun. Blütezeit: Oktober bis November.

P. Leeanum (insigne x spicerianum), steht zwischen den Eltern. Blütezeit: Dezember bis Februar.

P. Measureanum (villosum x venustum), Fahne gelbgrün, schwarzadrig, weißrandig. *Petalen* braungrün bis orangebraun, purpurbraun liniiert. Lippe gelb bis rotbraun, grünadrig. Blütezeit: November bis Dezember.

P. Morganiae (superbiens x stonei), übertrifft wie so oft die Eltern in Größe und Pracht. Blüten 10 cm breit und 18 cm lang. Fahne weiß, rosarandig, purpurn und gelbgrün geadert. *Petalen* hellgelb, purpurne Warzen. Lippe rosapurpurn, dunkler geadert. Blütezeit: Juli bis August.

P. Nitens (villosum x insigne), Fahne apfelgrün, weißrandig, dunkelpurpurn geadert. *Petalen* ockergelb, rotbraune Aderung, Lippe glänzend grünlichbraun. Blütezeit: November bis Dezember.

Die nächste *Paphiopedilum*-Generation ist hauptsächlich auf den guten Züchtungsergebnissen mit *P. Harrisianum* aufgebaut. Die erste sekundäre *Hybride* 1876 ist eine Kreuzung aus *P. Harrisianum* x *P. insigne var. Maulei* und wurde als *P. Oenanthum* eingeführt. Einige Beispiele hierfür: *P. Oenanthum* (= *P. Orestes* = *P. Thibau-*

Paphiopedilum Maudiae, eine noch heute begehrte weißgrüne Züchtung

Paphiopedilum Capablanca, eine gut blühende, als Schnittblume geschätzte Züchtung

tianum) ist eine Kreuzung verschiedenartig erscheinender Elternteile – daher der dreifache Name – von *P. Harrisianum x p. insigne var. Maulei.* Kenner bestimmen die *Hybride* als ein ausdrucksvoll gefärbtes *P. insigne.* Blütezeit: Dezember bis Januar.

P. Bingleyense (P. Harrisianum x charlesworthii) kräftig rotbraun.

P. Fowlerianum (P. Harrisianum x bellatulum) braunpurpurn mit Fleckung.

Die dritte Generation bringt weitere Einkreuzungen zwischen Ersthybriden: *P. St. Alban (P. Harrisianum x P. Antigone),* wobei *P. Antigone = P. lawrenceanum x P. niveum* ist. Noch heute auf Gartenschauen hochbewertete Blüte. Die Gesamtfarbe ist dunkelpurpurrot mit einer weißrandigen Fahne. *P. Capablanca (P. Harrisianum x P. Milo)* 1919 gezüchtet, wobei *P. Milo* aus *P. insigne x P. Oenanthum* entstanden ist, eine wertvolle *Hybride* wegen der Blühwilligkeit das ganze Jahr über.

P. Royal George (P. Harrisianum x P. Minos), wobei *P. Minos* aus *Arthurianum x P. spicerianum* gezüchtet wurde.

P. King Arthur (P. Bingleyense x P. Mons. de Curte), wobei *P. M. de Curte* aus *P. boxallii x P. insigne* entstand. Frühjahrsblüher.

Eine andere Züchtungsrichtung wird mit dem Erscheinen von *P. Maudiae,* einer weißgrünen *Hybride,* erkennbar. Das war 1900. Für diese Kreuzung wurden weißbunte Abarten verwendet, hier: *P. Lawrenceanum var. Hyeanum x P. callosum var. Sanderae.* Diese *Hybride* ist heute noch von großer Bedeutung. Inzwischen sind bei sehr vielen *Paphiopedilum*-Arten Albinoformen entdeckt worden. Es handelt sich dabei um Formen, die keine Farbstoffe außer dem Blattgrün mehr bilden können. Manche dieser Formen bilden noch etwas gelben Farbstoff wie zum Beispiel *P. insigne var. Sanderae.* Um eine Albinoform zu erhalten, muß man immer wieder in eine solche einkreuzen.

Die *Paphiopedilum*-Züchtung hat in den letzten 30 Jahren enorme Fortschritte erzielen können. Besonders haben sich R./E. Ratcliffe, Chilton, Didcot, England verdient gemacht. Amerikanische und deutsche Züchter sind nachgefolgt. Die Zahl der Kreuzungen geht in die Tausende.

Was heute angeboten wird, ist fast ausnahmslos hochwertige Qualität und wert, kultiviert zu werden. In neuester Zeit haben sich wieder stärker die *Ersthybriden* durchgesetzt.

Cypripedium-Arten kommen in Europa, Asien und Nordamerika – im holarktischen Florenreich – vor. Sie sind sommergrün und überwintern nur mit den unterirdischen *Rhizomen* (Wurzelstöcke). Die Blätter sind ungegliedert, gefaltet und oft behaart an einem unverzweigten Sproß. Die Blüten stehen einzeln oder in endständigen Trauben. Der Fruchtknoten ist einfächerig. Die Blüten sind meist zart und haben eine pantoffelartige Lippe. Nicht alle Arten sind in Mitteleuropa winterhart. Man kann zwei Gruppen unterscheiden: Arten mit zwei Blättern und Arten mit mehrfach beblättertem Sproß.

C. calceolus ist unser europäischer Frauenschuh, der streng geschützt ist: Sproß 25–40 cm hoch, 3–5blättrig. Blüten bis 10 cm Durchmesser, einzeln, selten 2–3, braune *Sepalen* und *Petalen,* goldgelbe Lippe. Blütezeit: Mai bis Juni.

C. arietinum, Heimat Nordamerika: 20–30 cm beblätterter Sproß, mit einzelner Blüte, kleiner als *C. calceolus,* Blütenblätter weißgrün, bräunlich angelaufen, Lippe weißlich mit roten Flecken. Blütezeit: Mai bis Juni.

C. macranthum, Heimat Sibirien: 3–4blättriger, 30–40 cm hoher Stengel, einblütig. Blütenblätter hellpurpurn, Lippe groß, bauchig, dunkelrot. Eine der schönsten Arten. Blütezeit: Mai bis Juni.

C. reginae, Heimat östliches Nordamerika: 5–7blättrige, bis 60 cm hohe, meist einblütige Staude. Blätter breit oval. Blüten ca. 8 cm Durchmesser, länglich stumpfe Fahne, schmalere *Petalen,* weiß, Lippe bauchig, fast kugelig, rosa mit Zeichnung. Prächtige Art. Blütezeit: Mai bis Juni.

Zweiblättrige Frauenschuharten.

C. acaule, Heimat Nordamerika: 15–25 cm hoch, 1–2 Blüten, grünliche *Sepalen* und *Petalen,* rosarote, geaderte Lippe. Winterhart. Blütezeit: Mai bis Juni.

C. candidum, Heimat Nordamerika: bis 30 cm hoch, einblütig, Blütenblätter hellgrün-bräunlich, Lippe fast reinweiß.

C. guttatum, Heimat nördliche Hemisphäre von Rußland über China, Japan bis Britisch-Kolumbien: 10–20 cm hohe Staude, einblütig, Blüte 4–5 cm Durchmesser, Blütenblätter weißlich, Lippe rotfleckig. Blütezeit: April bis Juni.

C. japonicum, Heimat China, Japan: Stengel einblütig, fächerförmige Blätter, Fahne grünlich, rot getupft, *Sepalen* weiß, braunrot punktiert, Lippe weiß bis rosa geadert und gefleckt. Blütezeit: Mai bis Juni.

Cypripedium reginae, ein im Garten zu haltender Frauenschuh (oben); Cypripedium japonicum für kühles Haus (unten)

Die Knabenkrautorchideen und ihre Verwandten
(Orchideoideae)

Diese Unterfamilie ist in den gemäßigten und subtropischen Zonen beheimatet. Es sind Erdorchideen. Unter anderem gehören folgende Gattungen dazu: *Ophrys* (Ragwurz), *Serapias, Barlia, Orchis* (Knabenkraut), *Dactylorhiza, Gymnadenia, Plantanthera, Habennaria, Disa* und *Satyrium.*

Ophrys-Arten sind besonders im Mittelmeergebiet häufig anzutreffen. Die Blüten sind sehr ausdrucksvoll und vielgestaltig. Sie neigen sehr zur Bastardisierung.

Serapias ist nur im Mittelmeerbereich zu finden. Die Blüten sind interessant geformt, auffallend ist eine rote Zunge als Lippe.

Barlia ist ebenfalls eine südliche Orchidee, eine prächtige Erscheinung, die sehr früh blüht.

Orchis ist unser Knabenkraut, in mehreren Arten vertreten.

Gymnadenia oder Händelwurz gehört zu den am weitesten verbreiteten Orchideen.

Platanthera ist die Waldhyazinthe oder Kuckucksblume, mit vielen Arten in der ganzen Nordhemisphäre verbreitet.

Habennaria kommt in mehr als 300 Arten in tropischen Gebieten Asiens und Amerikas vor, Erdbewohner.

H. ciliaris, Heimat Californien: 30 cm hoher Schaft, eilanzettlich beblättert, Blüten in dichter Ähre, hell-goldgelb, Lippe lang gefranst. Blütezeit: April bis Mai.

H. fimbriata, Heimat südliches Nordamerika: Schaft 40 cm hoch, 10 bis 20 Blüten in traubenartigem Köpfchen, hellfliederfarben bis purpurrosa, Blütenblätter geschlitzt, gezähnt. Blütezeit: Juli.

H. susannae, Heimat Nepal: 80 cm hoher Blütenschaft, der aus dichter Rosette entspringt. Blüten reinweiß, außen grünlichweiß, Lippe weiß, tiefgeschlitzt. Blüte bis 8 cm breit, wohlriechend. Blütezeit: Mai bis Juli.

Disa sind Erdorchideen der Kapflora, die in über 60 Arten auch den Liebhaber wie den Gärtner begeistert haben.

D. uniflora, Heimat Kapland: Blütenschaft 30 cm hoch, bis oben mit spitz-lanzettlichen Blättern besetzt. Der Blütenstand ist eine 3–5-blütige Traube. Die Einzelblüte hat 10 cm Durchmesser. Die Blütenblätter sind scharlachrot, außen hellrot, karmin geadert. Blütezeit: Mai bis August.

Satyrium, Heimat Südkap bis Indomalaysia: erinnert an *Orchis,* ist Erdbewohner, rund 60 Arten, sie haben kaum Gartenwert.

Orchis morio, das geschützte, in ganz Europa verbreitete Salep-Knabenkraut (oben); Disa uniflora, die »Braut« des Tafelberges in Südafrika (unten)

Die Nestwurzorchideen und ihre Verwandten

(Neottioideae)

Diese Unterfamilie umfaßt Orchideen, die in ihrem Bauplan verhältnismäßig einfach sind. Es sind unter anderem dazu zu zählen unsere einheimischen Gattungen *Listera* (Zweiblatt), *Neottia* (Nestwurz, ein echter Schmarotzer!), *Epipactis* (Stendelwurz oder Sumpfwurz), *Cephalanthera* (Waldvögelein), *Goodyera* (Netzblatt), *Spiranthes* (Drehwurz). Die beiden letzten führen zu den Netzblattorchideen. Das sind Orchideen, die weniger wegen ihrer Blüten sondern der Schönheit der Blätter geschätzt werden. Bemerkenswert ist die Aderung, die über samtiger Struktur Gold- oder Silbertönung im Netzwerk zeigt. Außer *Goodyera* gehören *Haemaria, Macodes, Anoectochilus* und *Ludisia* dazu. *Nanodes* gleicht im Aufbau fast einer *Tradescantia,* wenn die Blüte nicht anders aussähe. *Mediocalcar* zeigt Blüten, die eher an Mini-Brutblattblüten erinnern. *Bletilla* aus Ostasien rechnet hierzu. Die Gattung *Vanilla* gehört in diesen Kreis und schließlich die neutropischen *Pleurothallis* und *Masdevallia*.

Für den Pflanzenfreund sind die Juwelenorchideen mit der eigenartigen Blattzeichnung interessant, aber nicht für Anfänger.

Nanodes *medusae,* Heimat Ecuador: hat fleischige Blätter, graugrün, die gegenständig an einem hängenden Sproß sitzen, Blüten sind endständig, einzeln oder paarweise, 5 cm breit, offen mit auffallender breiter weinroter Lippe, die rundum gefranst ist. Blütezeit: Frühjahr bis Sommer.

Bletilla *hyancinthina,* Heimat China, Japan: eine Erdorchidee, die auch hier im Freien gehalten werden kann. Flachkugelige Knollen sind gestauchte Stengelglieder. Die Laubblätter sind gefaltet. Am Sproß sitzen in lockerer Traube bis 6 Blüten, 3–5 cm groß. Blumenblätter sind schmallanzettlich, dunkelrosa. Die Lippe umhüllt mit zwei Seitenlappen die Säule, sie ist hellviolett mit zwei gelben Längsstreifen besetzt.

Vanilla *planifolia,* Heimat Mexico: ist als einzige Orchidee im eigentlichen Sinne eine Wirtschaftsplanze. Sie besitzt hochkletternde Stämme mit langen Gliedern, die Blätter sind fast sitzend, ledrigfleischig, längsstreifig-nervig. Die Blüten sitzen in endständigen oder seitenständigen dichten Trauben. Außer der Lippe sind die Blumenblätter gleichartig. Die Lippe bildet fast eine Röhre, die sich vorne ausbreitet. Die Gesamtfarbe ist ein gelbliches Grün oder grünliches Gelb. Die Früchte, zigarrenähnlich, duften stark, sie enthalten bis 2,5 Prozent Vanillin. Blütezeit: Sommer.

Nanodes medusae, eine bizarre Orchideenblüte (oben); Vanilla planifolia, die uns die Vanilleschote liefert (unten)

Pleurothallis ist eine Gattung, die sich von Brasilien bis Mexiko ausbreitet. Man zählt rund 400 epiphytische Arten. Nur wenige sind für uns von Interesse. Der Stengel ist schlank, dünn, kurz. Er endet in ein derbes, immergrünes Laubblatt, aus dessen Achselpunkt eine Einzelblüte oder eine Blütenähre entspringt. Die Blütenblätter sind frei, teilweise oder ganz verwachsen (äußerer Kreis), im inneren Kreis sind sie klein, auch die Lippe ist klein, ungeteilt oder dreilappig. Einige Arten: *P. elegans, P. insignis, P. pectinata, P. rubens.*
Masdevallia in über 100 Arten leben in Peru bis Mexiko und wenige in Brasilien oder Guayana. Sie haben kurze, aufrechte Sprosse, keine Scheinknollen, meist rasenartig wachsend und tragen ein endständiges Blatt.
Die eigenartige Form der einzelnen hochgestielten Blüte entsteht durch die Verwachsung der äußeren Blütenblätter zu einem flachen Boden, dem eine kurze Röhre aufsitzt. Diese Blütenblätter sind fast immer in lange Fäden oder Schwänze ausgezogen. Die inneren Blütenblätter sind stets klein, oft kaum erkennbar. Die kleine Lippe ist dem Säulenfuß angegliedert. Nur wenige Arten sind für den Liebhaber kulturwert.
M. bella, wächst dichtrasig, Blätter keilförmig, stammlos, Blüten stehen einzeln auf 20 cm hohem Schaft. Äußere Blütenblätter dreieckig, mit 10 cm langen Schwänzen, Farbe purpurbraun, innen gelb. Innere Blütenblätter gelbbraun, Lippe weiß, nierenförmig und klauenartig. Blütezeit: Sommer.
M. chimaera, dichtrasig, Blätter aus schmalen Scheiden länglichkeilförmig, dunkelgrün, 10 cm lang. Blüten auf 20 cm hohen Stielen. Äußere Blütenblätter dreieckig, in Schwänze auslaufend, violettbraun mit ockergelb. Innere Blütenblätter und Lippe sehr klein, gelblich. Blütezeit: Frühjahr bis Sommer.
M. coccinea, im Aufbau voriger Art sehr ähnlich, Blüte einzeln auf 20 cm hohem Schaft mit kurzer, gebogener Röhre, äußere, untere Blütenblätter elliptisch-sichelförmig mit ausgezogenen Spitzen in zartrosa, oberes Blütenblatt und Röhre leuchtend scharlachrot. Innere Blütenblätter und Lippe klein, fast versteckt. Blütezeit: Frühjahr bis Sommer.
M. tovarensis, lockerrasig, Blätter kurzstielig, derb, gekielt, lanzettlich, dunkelgrün. Blüten auf 10 cm hohem Schaft, paarweise, stark duftend, reinweiß. Blüte aus Röhre mit oberem kleinerem Blütenblatt und zwei größeren, unteren Dreiecken, die in Schwänze auslaufen, gebildet. Innere Blütenblätter kaum erkennbar. Blütezeit: Spätherbst bis Winter.

Eine der vielen Pleurothallis-Arten aus den amerikanischen Tropen (oben); Masdevallia coccinea aus Kolumbien (unten)

Epidendrum radicans, Guatemala, blüht das ganze Jahr über

Der Verwandtschaftskreis von Epidendrum
(Epidendroideae)

Dieser Verwandtschaftskreis faßt eine Reihe wichtiger Gattungen für den Orchideenliebhaber zusammen. Die *Epidendroideae* sind durch ein funktionsfähiges Staubblatt gekennzeichnet. Die Pollinien sind wachsartig oder knorpelig, der Klebstoff befindet sich an der Spitze der Pollenmasse. Pflanzen dieser Gattungen kommen in beiden tropischen Florenreichen vor, wobei Arten von *Bulbophyllum* in beiden anzutreffen sind.

Epidendrum heißt Baumwurzler und gehört zu den formenreichsten Gattungen der Orchideen (500–600 Arten). Wie der Name sagt, sind die meisten Aufsitzer, nur wenige sind Erdbewohner. Ihre Scheinbulben sind sehr verschiedenartig ausgebildet. Fast jede Größe und Art ist zu finden. Ebenso verschieden ist der Blütenstand. Er erscheint aber immer an der Spitze der Bulben. Die Blüten stehen einzeln, zu zweit oder zu mehreren in einer Traube, selten ist der Blütenstand eine Rispe. Die *Epidendren* haben verwachsene Lippen. Sie sind bis zur Säulenkappe an der Säule angewachsen.

E. ciliare, Heimat Zentralamerika: hat ähnliche Bulben wie *Cattleya,* zweiblättrig, stumpf, breit. Blütenschaft 25 cm hoch, traubig, klebrige Blütenhüllblätter. Blüten gelblich, 6–8 cm Durchmesser, *Sepalen* und *Petalen* länglich, spitz, strahlenförmig abstehend, Lippe gefranst und verästelt mit Mittellappen als weißer Dorn, haltbar. Blütezeit: Dezember bis Februar.

E. falcatum, Heimat Mexico: hat sehr kurze Scheinbulben mit verlängertem, verästelten *Rhizom.* Blätter 30 cm lang, peitschenförmig, herabhängend, Blütenschaft endständig. Blüte erscheint fünfstrahlig mit weißer dreilappiger Lippe. Sehr haltbar, auch im Schnitt. Blütezeit: Juni bis August.

E. prismatocarpum, Heimat Mittelamerika: mit 10 cm hohen, birnenförmigen Scheinbulben mit zwei derben, breitlanzettlichen 20 cm langen Blättern. Schaft endständig, traubig, bis 20 Blüten. Blüte 5 cm Durchmesser, weiß-gelblich-grünlich mit dunkelroten Flecken, Lippe dreilappig, weißgelblich, Vorderlappen rosa, hellgelb gesäumt. Vielseitig verwendbar, auch zum Schnitt. Blütezeit: Juni bis Juli.

E. radiatum, Heimat Mexico: mit 10 cm hohen, zusammengedrückten, gefurchten, elliptischen Scheinbulben und langen Blättern, dreiblättrig. Blütenschaft endständig, 50 cm hoch, am Ende bis 7blütige Traube, Fruchtknoten nicht gedreht. Blütenblätter weißcremefarbig gestreift, breitlanzettlich, Lippe breit, weiß, violettadrig. Duft nach Zimt. Blütezeit: Februar bis März.

E. vitellinum, Heimat Mexico: mit eiförmigen Scheinbulben, 9 cm hoch, Blätter breit, linealisch. Schaft endständig, aufrecht, bis 30 cm hoch. Traube mit bis 20 Blüten, je 4 cm Durchmesser, *Sepalen* und *Petalen* strahlenförmige Anordnung, leuchtend orangerot, Lippe schmal, spitz, zungenförmig, gelb. Blütezeit: Oktober bis Dezember.

Encyclia ist nahe verwandt, oft auch zu obiger gerechnet. Aber die Lippe ist nicht mit der Säule verwachsen. Die Scheinbulben sind eiförmig, stark zugespitzt, mit 1–3 schmalen, ledrigen Blättern. Blütenschaft ist endständig, mit vielblütigen Rispen oder Trauben.

E. atropurpurea, Heimat Mittelamerika: Scheinbulben ei- bis zwiebelförmig, zwei linealische, 30 cm lange Blätter. Schaft endständig, bis 70 cm hoch mit vielblütiger Traube. Blüten 6 cm Durchmesser, *Sepalen* und *Petalen* graugrün, Lippe weiß, zwei Mittellappen umhüllen Säule, Mittellappen verbreitert, zurückgebogen, Rand gewellt, drei violette Striche. Blütezeit: April bis Juni.

E. cochleatum, Heimat Mittelamerika: Bulben eiförmig, schlank, 10 cm lang, Blüten in endständiger Traube mit 6–8 Blüten, bis 8 cm Durchmesser. Blütenblätter schmal, nach rückwärts gebogen, grüngelb, Lippe muschelförmig, tief purpur mit heller Aderung. Blütezeit: veränderlich, meist November bis Februar.

Encyclia mariae aus Mexiko

Cattleya bowringiana, eine dankbare Liebhaberorchidee

E. fragrans, Heimat Brasilien: mit bis 5 cm hohen eiförmigen Bulben, meist einblättrig. Kurzer Schaft mit 2–5 Blüten, nicht gedreht, Lippe steht also nach oben, 5 cm Durchmesser, *Sepalen* und *Petalen* schmal, spitz, weiß-gelblich, Lippe herzförmig, stark zugespitzt, 12 violette Aderstriche. Duft nach Bergamotte. Blütezeit: Februar bis Mai.
E. mariae, Heimat Mexico: kleine Pflanzen in großer Kolonie mit kleinen, ovalen Bulben 3–6 cm hoch mit 1–2 Blättern, lanzettlich, dünn, 4–12 cm. Blütenstand endständig, 1–2blütig, weiß bis zitronengelb, ausgeprägte Lippe weiß mit gelbem Schlund. Blütezeit: Juni bis Juli.
Cattleya ist nahe verwandt mit *Laelia, Epidendrum, Brassavola, Sophronitis* und *Schomburgkia.* Es gibt ca. 30–40 meist epiphytische Arten im tropischen Amerika. Kennzeichnend ist die große freie Lippe. Die Blüten brechen aus einer flachen Scheide hervor. Die Scheinknollen sind ei-, zylindrisch- bis spindelförmig mit 1–2 dickledrigen Blättern, die kurz und breit sind. Der Blütenstand entwickelt sich auf einem ungegliederten Stiel mit einer bis mehreren Blüten von schöner Form und Farbe. Eine bevorzugte Gattung!
C. aurantiaca, Heimat Mittelamerika: mit schlanken, keulenförmigen Scheinknollen, bis 20 cm hoch, zweiblättrig, Blüten fast sitzend bis 12blütig in Traube, bis 4 cm Durchmesser, orangerote *Sepalen* und *Petalen,* bis 2 cm lang, Lippe eiförmig, tütenförmig. Blütezeit: Juli bis August.
C. bowringiana, Heimat Mittelamerika: Scheinbulben bis 60 cm hoch, zylindrisch, am Grunde dicker, zweiblättrig, Blütentraube bis 20 Blüten mit je 6 cm Durchmesser, zartrosa bis purpurviolett, *Sepalen* und *Petalen* sehr breit, Lippe tütenförmig von dunklerer Farbe, Schlund goldgelb. Blütezeit: September bis Dezember.
C. dowiana und *var. aurea,* Heimat Costa Rica und Columbien: Scheinbulben spindelförmig, bis 25 cm lang, einblättrig, Blütenblätter leuchtendgelb. Lippe bildet kurze Tüte, Vorderlappen weit ausladend, stark gewellt und gekräuselt, purpurviolett mit gelben Nerven, zart duftend. *var. aurea* hat eine intensivere Zeichnung in goldgelb auf der Lippe. Blütezeit: Juli bis Oktober.
C. amethystoglossa, C. bicolor, C. granulosa, C. guttata, C. velutina gehören in ihrer Art näher zusammen. Sie haben ähnliche Gestalt, sind zweiblättrig, meist mehrblütig. *Sepalen* und *Petalen* sind deut-

Cattleya rex aus Peru

lich andersfarbig im Gegensatz zur violettfarbenen Lippe. Blütezeit: Spätsommer bis Winter.

C. labiata mit Verwandten wie: *C. gaskelliana, C. mendelii, C. mossiae, C. percivaliana, C. warneri, C. warscewiczii, C. rex, C. maxima.* Scheinbulben sehr stark, spindelförmig, bis 25 cm lang, einblättrig, Blatt länglich, stumpf, dickledrig, ca. 25 cm lang. Auffallend ist doppelte Blütenscheide. Blütentraube 2–7blütig, Blütendurchmesser bis 25 cm, typisch cattleyenfarben, Lippe markant, Schlund oft im Kontrast gefärbt. Die Arten unterscheiden sich mehr oder weniger stark durch Formen und Färbung der Blütenblätter. Blütezeit: das ganze Jahr, je nach Art.

C. harrisoniana, C. intermedia, C. loddigesii, Heimat Brasilien: Scheinbulben schlank, zylindrisch, bis 30 cm lang, zweiblättrig, Blätter schmal, elliptisch, stumpf, Traube aufrecht, kurzgestielt, 2- bis 10blütig. *Sepalen* und *Petalen* rosenrot, Lippe dreilappig, Säule von Lippe überdeckt, Schlund heller, vieradrig, Rand wellig. Blütezeit: Spätfrühjahr bis Spätsommer.

C. trianae und *C. schroederae* ähneln der *C. labiata.* Scheinbulben sehr stark, spindelförmig, bis 30 cm lang, einblättrig, Blätter aufrecht stehend, meist 2blütig, Blüten zartrosenrot bis zartviolett. *C. schroederae* mit starkem Duft. Blütezeit: Winter bis Frühjahr.

Cattleya-Hybriden: Bei *Cattleya* hat die Natur die Bastardierung vorgeführt in vielen, schönen Beispielen. Es sind *Naturhybriden* nachgewiesen mit *C. acklandiae, C. eldorado, C. bicolor, C. elongata, C. forbesii, C. granulosa, C. guttata, C. harrisoniana, C. intermedia, C. labiata, C. loddigesii, C. schilleriana.* Da sich die Verbreitungsgebiete oft überschneiden, ist diese Erscheinung »fast« natürlich. Pabst und Dungs 1975 haben für Brasilien die bekannten Kombinationen zusammengetragen. Diese Fähigkeiten haben sich Züchter, Gärtner und Liebhaber schon lange zu eigen gemacht, um immer wieder neue *Hybriden* zu erzeugen, die den jeweiligen Idealen der Züchter entsprachen. Am Schluß dieses Abschnitts folgt ein allgemeiner Überblick zur *Hybridisation* der ganzen Gruppe.

Laelia ist in der Gestalt *Cattleya* sehr ähnlich. Es sind *Epiphyten,* sie haben außerdem acht Pollinien gegenüber vier bei Cattleya. Viele Arten haben auf der Lippe hohe Kiele oder wellige Leisten. Es gibt rund 35 Arten von Mexico bis Brasilien. Die Scheinbulben der *Laelien* haben meist einen langen, dünnen Hals und sind flach zusammengedrückt.

L. anceps, Heimat Mexico: robuste, kompakte Pflanzen, Scheinbulben vierkantig, gerippt, 10 cm lang, meist einblättrig, Blütenschaft halbaufrecht, 2–5blütig, cattleyen-ähnliche Blüte, rosa bis violett. Kein Schnitt. Eine beliebte Orchidee. Blütezeit: Spätwinter.

L. autumnalis, Heimat Mexico: Gestalt obiger ähnlich, zweiblättrig. Blütenschaft bis 50 cm lang, bis 6 Blüten, cattleyenähnlich, in rosenroten Schattierungen. Nicht für Schnitt. Blütezeit: Spätherbst.

L. cinnabarina, Heimat Brasilien: mit spindelförmigen Scheinbulben und kurzen *Rhizomen,* einblättrig, aufrecht linealisch. Schaft endständig, drahtig, aufrecht mit bis zu 10 Blüten, zinnoberrot. Blütezeit: Frühjahr.

L. gouldiana, Heimat Mexico: Scheinbulben zylindrisch bis oval. 15 cm lang, zweiblättrig. Blütenstand endständig, 20–50 cm lang, 3- bis 5blumig, Blüten dunkelrosenrot, Lippe dreilappig mit Punkt- und Strichzeichnung in gelb. Blütezeit: November bis Januar.

L. harpophylla, Heimat Brasilien: Stielrunde, 20 cm hohe Scheinbulben mit Bastscheiden, einblättrig. Blatt ledrig, 20 cm lang, spitz, aufrecht. Schaft aufrecht, bis 20 cm lang, mit 5–8 Blüten in Traube. Blütenfarbe leuchtend orange bis zinnoberrot. Blütezeit: Januar bis März.

L. pumila, Heimat Brasilien: zylindrische, 8 cm hohe Scheinbulben, mit einem ledrigen, steifen aufrechten Blatt. Schaft einblumig. *Cattleyen*-ähnliche Blüte mit tütenförmiger Lippe, rosenrot mit purpur. Kleinste *Laelia,* für Liebhaber gut geeignet. Blütezeit: September bis November.

L. purpurata, Heimat Brasilien: Scheinbulben schlank, keulenförmig, bis 60 cm lang, gedrückt. Kurzer Schaft mit Traube von 3–5 Blüten von je 15 cm Durchmesser, *Sepalen* und *Petalen* reinweiß bis rosa, Lippe auffallend in Form und Farbe (Purpur) in vielen Varietäten. Blütezeit: Mai bis Oktober.
L. superbiens, Heimat Mexico, Guatemala: Scheinbulben spindelförmig, 40 cm hoch, mit zwei aufrechten, länglichen, starren Blättern, 12 cm lang. Blütenschaft bis 1 m lang mit 6–20blütiger Traube, jede Blüte 15 cm Durchmesser, Blüten ähneln denen der *Schomburgkia.* Blütezeit: November bis Februar.
Laelia-Naturhybriden gibt es vergleichsweise nur wenige. Fast zahlreicher sind *Laelio-Cattleya Naturhybriden* z. B. *LC (Laelio-Cattleya) elegans = L. purpurata x C. leopoldii, LC schilleriana = L. purpurata x C. intermedia, LC binotti = L. pumila x C. bicolor.*
Rhyncholaelia wurde von *Laelia* wegen der geschnäbelten Frucht abgetrennt, bisheriger Name: *Brassavola.*
Die allgemeine Wuchsform erinnert an *Cattleya* und *Laelia* einerseits, andererseits findet man Merkmale, die zu *Brassavola* gehören. Die Pseudobulben sind spindelförmig, leicht zusammengedrückt, mit einem starren blaugrünen Blatt, insgesamt 50 cm lang.
R. digbyana, Heimat Honduras: einblütig, Blüte bis 20 cm Durchmesser, weiß, zartgrün durchscheinend, *Sepalen* zungenförmig, *Petalen* ähnlich, nur etwas breiter, Lippe auffallend, sehr breit, stark gefaltet, tief gefranst. Gute Schnittblume. Blütezeit: Sommer.
R. glauca, Heimat Guatemala: Blätter etwas kürzer, Einzelblüten, etwas kleiner als obige, hellolivgrün, *Sepalen* länglich, *Petalen* breiter, gewellt, Lippe tütenförmig, leicht gewellt. Blütezeit: Frühjahr.
Brassavola der *Laelia* sehr verwandt, jedoch kleinere Gestalt, langer Hals an der Spitze der Samenkapsel. Dieses Merkmal wird vererbt.
B. flagellaria, Heimat Brasilien: Scheinbulben peitschenförmig stengelartig, Blätter bis 45 cm lang, lockere Blütentraube, Blüte ähnlich *Cattleya,* gelbweiß, Blütezeit: Frühjahr.
B. perrinii, Heimat Brasilien: Bulben und Blatt nach unten hängend, bis 30 cm lang, Blüten mit zugespitzter Lippe, meist drei Blüten, bis 7 cm Durchmesser, Blütenblätter spitz zulaufend, Lippe ellipsenförmig, weiß, duftend. Blütezeit: Juli bis September.
B. nodosa, Heimat Mittelamerika: Bulben stehen büschelförmig, bis 25 cm hoch mit Blättern, Blütenblättern wie obige, Lippe tütenförmig, grünlich-weiß. Blütezeit: Oktober bis Februar.

Laelia gouldiana, ein Herbstblüher aus Mexiko (oben); Brassavola nodosa aus Mittelamerika (unten)

Sophronitis coccinea (oder S. grandiflora) aus Brasilien

Schomburgkia in der Gestalt ähnlich der *Laelia,* jedoch viel größer und robuster, Scheinbulben meist sehr groß. Typischer *Epiphyt* in Astgabeln, 1–2blättrig, lederiger Substanz, Blütenstand endständig, drahtig, bis meterlang, mit bastartigen Deckblättern besetzt. Blütenstand ist endständige Traube oder Rispe in halbkugeliger Anordnung. Acht Pollinien stehen in zwei Reihen.
S. crispa, Heimat Guayana: Scheinbulben keulenförmig, vierkantig, 15 cm hoch, zweiblättrig, 25 cm lang/3 cm breit, Blütenschaft bis 2 m hoch, Blüten als Traube zu Kugel angeordnet, Einzelblüte 5 cm Durchmesser, gestielt, Blütenblätter gelbbraun, bandförmig, stark gewellt, Lippe tütig, Vorderlappen bis dunkelrosa. Blütezeit: Oktober bis Dezember.
S. tibicinis, Heimat Mittelamerika: Scheinbulben eckig-zylindrisch, 40 cm hoch, 2–3 Blätter, länglich-eiförmig, 20 cm lang/4 cm breit, Schaft bis 2 m lang, endständig lockere Kugeltraube mit bis 10 Blüten. Blüten hellbraun, rotrandig, Blütenblätter stark gewellt, Lippe tütenförmig, orangegelb. Lebt in Gemeinschaft mit Feuerameisen. Blütezeit: Mai bis Juli.

Sophronitis ist von Gestalt eine Kleinorchidee, doch nahe mit *Laelia* verwandt. *Epiphytische* kleine Polster bildend klettert sie mit dem *Rhizom.* Scheinbulben sind kleine Scheiben oder Stiele mit einem Blatt, dick, ledrig. Blüte endständig ähnlich *Cattleya* mit Abweichungen in der Lippe. Sehr bedeutend, weil die wenigen Arten ihre leuchtenden Farben gut vererben.
S. coccinea, Heimat Brasilien: Bulben bis 3 cm hoch, Rhizom 2 cm lang, Blätter zungenförmig, 7 cm lang/2 cm breit, einblütig, bis 8 cm Durchmesser, scharlachrot, Lippe gelblich, mit roten Adern durchzogen, Blütezeit: November bis März.

Hybriden der Cattleya-Gruppe:
Es ist schwer zu sagen, wann die ersten Züchtungen in dieser Gruppe entstanden sind. Wahrscheinlich war es Dominy in England, der 1853 *Cattleya*-Arten bestäubt hat, denn im August 1859 stellte er bei der königlichen Gartenbaugesellschaft in London fünf blühende Sämlinge als *Cattleya X hybrida* vor. Wahrscheinlich waren *C. guttata* und *C. loddigesii* die Eltern. Verfolgt man die Züchtung in dieser Gruppe, dann sieht man eine Häufung der Bastarde von den 80er Jahren bis 1910 und ab 1950. Es blieb nicht bei den Kreuzungen zwischen nahestehenden Arten, sondern bald wurde auch die Partnerschaft zwischen verwandten Gattungen versucht und zeitigte neue Ergebnisse. Zu den Artbastarden gesellten sich die Gattungsbastarde. Aus Kreuzungen zwischen zwei Gattungen entstanden in den vergangenen Jahrzehnten *Hybriden* mit vier, ja sogar fünf Gattungen.
In dieser Darstellung sollen die Gattungen *Brassavola, Cattleya, Epidendrum, Laelia, Rhyncholaelia, Schomburgkia* und *Sophronitis* einbezogen werden.
Ein Beispiel für eine dreifache *Gattungshybride:*
Brassolaeliocattleya Lawrencei erblühte 1906. Die Eltern waren: *Brassocattleya Lindleyana* × *Laeliocattleya Elegans.* Diese *Hybride* kann auch heißen: *Brassocatlaelia* (1897 so benannt), *Laeliobrassocattleya* (1906) oder *Brassocattleyalaelia* (1907). Diese *Hybride* ist also eine Kombination aus drei Gattungen, eine *Dreigattungshybride.* Die Vielfalt der vorhandenen Möglichkeiten ist aus der folgenden Liste ersichtlich.

Zweigattungshybriden:

Brassocattleya Lindleyana (1889) = *Brassavola tuberculata* × *Cattleya intermedia* als erste *Hybride.*

Brassoepidendrum Stamfordiense (1906) = *Brassavola glauca* × *Epidendrum parkinsonianum,* auch: *Epivola* oder *Epibrassavola.*

Brassolaelia Veitchii (1902) = *Laelia purpurata* × *Brassavola digbyana.*

Rhynchovola David Sander (1960) = *Brassavola cuculata* × *Rhyncholaelia digbyana.*

(Anmerkung: *Rhyncholaelia* ist später als eigene Gattung abgetrennt worden, daher diese Bezeichnung.)

Schombovola Purple Star (1957) = *Schomburgkia Kahili* × *Brassavola glauca.*

Brassophronitis = *Sophrovola Edna* (auch: *Brassonotis)* 1962 = *Sophronitis coccinea* × *Brassavola nodosa.*

Laeliocattleya Elegans (1887) = *Cattleya leopoldii* × *Laelia purpurata.*

Epicattleya = *Epileya Matutina* (1889/1895) = *Cattleya bowringiana* × *Epidendrum ibaguense.*

Epilaelia Hardyana (1894) = *Epidendrum ciliare* × *Laelia anceps.*

Epiphronitis Veitchii (1890) = *Epidendrum ibaguense* × *Sophronitis coccinea.*

Sophrolaelia Laeta (1894) = *Laelia pumila* × *Sophronitis coccinea.*

Dreigattungshybriden:

Brassolaeliocattleya siehe oben.

Dekensara Flandria (1955) = *Brassocattleya Helene* × *Schomburgkia undulata.*

Dillonara Bronze Kahili (1966) = *Schombolaelia Maunalani* × *Epidendrum diurnum.*

Lowara Insignis (1912) = *Sophronitis coccinea* × *Brassolaelia Helen.*

Lyonara Fiesta (1905/1951) = *Laeliocattleya Issy* × *Schomburgkia thomsoniana.*

Rolfeara Rubescens (1919) = *Sophrocattleya Blackii* × *Brassocattleya Mrs. J. Leemann.*

Vaughnara Sparklet (1965) = *Brassocattleya Clifftonii* × *Epidendrum vitellium.*

Viergattungshybriden:

Kirchara Topaz (1959) = *Sophrolaeliocattleya Firefly* × *Epidendrum mariae.*

Linneara Frontier (1911, *Iwanagara* 1960) = *Diacattleya Chastity* × *Brassolaeliocattleya Hocado.*

Northenara = *Cattleya* × *Epidendrum* × *Laelia* × *Schomburgkia.*

Potinara Juliettae (1922): *1. Vierfachhybride!* = *Brassocattleya Ena* × *Sophrolaeliocattleya Marathon II Brassosophrolaeliocattleya* (1944).

Recchara Amelia (1950) = *Brassolaelia Brasil* × *Schombocattleya crispo-loddigesii.*

Fünfgattungshybride:

Rothara = *Brassavola* × *Cattleya* × *Epidendrum* × *Laelia* × *Sophronitis.*

SLC (Sophrolaeliocattleya) Jewel Box »Dark Waters« HCC/AOS, eine Dreigattungshybride aus C. aurantiaca und SLC Anzac (oben); BLC (Brassolaeliocattleya) Mem. Helen Brown in Californien gezüchtet (unten)

Dendrobium densiflorum aus dem Himalaya, ein Frühjahrsblüher

Empfehlenswerte Hybriden für den Liebhaber:
Die meisten »typischen« Cattleyenhybriden zeigen lila-purpurne Farbe, die sprichwörtliche Cattleyenfarbe. Meist stammen diese Kreuzungen von *C. labiatae* oder *C. trianae* und deren Verwandten ab. Ihre Hauptblütezeit liegt von Herbst bis Frühjahr. Die Züchter haben sich vielfach bemüht, die Farbskala zu bereichern. Die Fülle der Namen ist riesengroß. Aber einige Beispiele sollen genannt sein: **Lilapurpurn:** *LC Nelly Corradi, Cattl. Sonja Altenburg, LC Molly Taylor, LC Yvonne, BLC Annie, LC Marasquin, LC Alma, C. Califlora, BLC Pluto, C. Warnelli, BC Ann Sladden, BC Laura Sladden, C. Mariotria, Potinara Creole, LC. Walhalla.* **Weiß:** *C. Bow Bells, C. Bob Betts, LC Schwabenland, LC Franken, C Liliputian, C. Schneekönigin, C. Aida.* **Gelb:** *BLC Goldglut, LC Euphrosine, C. Polarstern* (weiß-gelb), *LC Honigmond, BLC Fortune.* **Rot:** *SLC Atoll, SLC Anzac, SLC Jewel Box, BC Ruby Prince.* **Gelb-Grün:** *BLC Corot, BLC Pablo, BLC Granat.* **Orange-Rosa:** *LC Barbara Belle, BLC Buttercup, LC Varycolor, LC Flämmchen, Epicattleya Tell.*

Dendrobium, eigentlich gleich Baumwucherer, also *Epiphyten* mit wohl über 600 Arten, die alle im indomalayischen Raum beheimatet sind. Es finden sich in dieser Gattung die seltensten Farben neben den seltsamsten Formen. Alle haben Scheinbulben, die beblättert sind, aber in der Trockenheit abfallen können. Das Wurzelungsvermögen ist gering. Die Blüte wirkt nicht unbedingt durch ihre einzelne Größe, sondern vielmehr durch die große Anzahl von Blüten, die gleichzeitig erscheinen. Auch die Blütenfarben bieten eine Palette von verschiedensten weiß, gelb, orange, rosa, dunkelrot, purpur, karmin, violett, selten blau.

D. aggregatum, Heimat Burma, Südchina: Eingliedrige, gefurchte Scheinbulben, 7 cm lang, einblättrig, 6 cm lang, ledrig. Blütentraube kurz, locker, aufrecht, bis 15 Blüten. Blüte 3 cm Durchmesser, goldgelb, Lippe mit orange Schlund. Blütezeit: März bis Mai.

D. chrysotoxum, Heimat Burma: Scheinbulben bis 50 cm lang, aufrecht. Wenige Blätter oben. Traube bis 30 cm lang, Blüten fast kreisrund, goldgelb. *Petalen* breiter als *Sepalen,* Vorderlappen der Lippe kreisrund, sehr haltbar. Blütezeit: November bis April.

D. densiflorum, Heimat Nepal: kurze keulenförmige Bulben mit seitenständiger vielblumiger hängender Traube. Einzelblüte 4 cm Durchmesser, eiförmige gelben Blütenblätter, Lippe tieforange mit feingefranstem Rand, Dankbarer Blüher, ähnlich *D. chrysotoxum.* Blütezeit: März bis Mai.

D. fimbriatum, Heimat Nepal: 60 cm lange Bulben, rund, mit lanzettlichen Blättern, endständige, lockere, hängende Traube, buttergelb, elegante Blüte, kurze Haltbarkeit. Blütezeit: März bis Mai.

D. infundibulum, Heimat Hinterindien: Aufrechte, bis 60 cm lange Bulben, schwarz behaart, lanzettliche Blätter, die Bulbe von oben bis unten in gleichen Abständen umgeben. Blütenstand endständig, 2–4blütige Traube. Blüte bis 8 cm Durchmesser, Form ist *cattleyenähnlich,* aber Lippe mit deutlichem Sporn, gelber Fleck an Innenseite. Blütezeit: März bis Mai.

D. kingianum, Heimat Australien: Dünne, keulenförmige Scheinbulben bis 15 cm lang, 2–3blättrig, Blätter lederartig (15 cm lang/3 cm breit), 6–8blütige endständige Traube, Blütenfarbe von rosenrot bis weiß, *Sepalen* bilden Sporn, Lippe ist dreilappig. Blütezeit: April bis Mai.

D. nobile, Heimat Himalaja: Bulben gruppenweise dicht stehend, rund, oben verdickt, mit grauem Bast umgeben, bis 30 cm lang, mit 6 gegenständigen Blättern besetzt (10 cm lang/2 cm breit). Blüten cattleyenähnlich. Entstehen an oberen Knoten der Scheinbulben in Büscheln auf Stielen. Breite, gewellte *Petalen* und schmale, leicht gedrehte *Sepalen* mit einer kurztütigen, kreisbogenförmigen Lippe. *Petalen* und Lippe weißlich schattiert bis tiefrosa, *Sepalen* heller getönt. Schlund der Lippe dunkelpurpur, duftend. Blütezeit: März bis Juni.

D. phalaenopsis, Heimat Molukken bis Neuguinea: Bulben in Büscheln, dicht, bleistiftartig, bis 70 cm hoch, 6–10 gegenständige Blätter, ledrig, lanzettlich, 15 cm lang/3 cm breit, Blütenstand endständig, lang, drahtig, Blüten 10–15, locker zweizeilig angeordnet, *cattleyenähnlich.* Breite, stumpfe *Petalen,* schmale *Sepalen,* Lippe mit Seitenlappen und hängendem Mittellappen. Farbe äußerst variabel von weiß bis tieflila-purpur. Gute Schnittblume. Blütezeit: Januar bis Mai. Viele Hybriden gezüchtet!

Dendrobium-Hybriden
Es gibt zwei große Gruppen von Art-*Hybriden: Dendrobium nobile* und *Dendrobium phalaenopsis.* Beide eignen sich für den Liebhaber, erstere kühl bis temperiert, letztere warm zu halten.

Nobile-Hybriden: D. Annemarie, D. Winifired Fortesque, D. Gatton Sunray, neuerdings sehr begeistert aufgenommen aus Japan: *Yamamoto-Hybriden.*

Phalaenopsis-Hybriden: D. Anouk, D. Lady Fay, D. Lady Hamilton, D. Madame Pompadour, Dendrobium Lady Constance, D. Liliha, D. May Lewis.

Bulbophyllum, das Zwiebelblatt, ist eine weitverbreitete Gattung, rein *epiphytisch.* Kurze eiförmige Bulben tragen ein oder zwei ledrige, dunkelgrüne Blätter, Man kann mit rund 1000 Arten rechnen, die in der Alten wie Neuen Welt, ja in Korea und Japan wie in Südafrika heimisch sind. Blüten stehen einzeln, in Ähren oder Trauben. Vorherrschende Farbe ist weiß mit Schattierungen, Nachtfalterblumen. Eigenartig ist die Schaukellippe.

B. lobbii, Heimat Java: Scheinbulben eiförmig, 3 cm hoch, einzelnes Blatt, 20 cm lang, Rhizom ist kurz und kriechend, Blumen einzeln auf Stielen, 10 cm Durchmesser, Blütenblätter schmutziggelbgrün, Lippe leicht beweglich, purpurn gestreift. Blütezeit: Apri bis August.

Cirrhopetalum, das Gelbblatt, ist dem *Bulbophyllum* nahe verwandt. Gestalt ähnlich *Bulbophyllum.* Blütenstand als Dolde ausgebildet. 50 Arten in altweltlichen Tropen. Für spezielle Liebhaber!

C. medusae, Heimat Sunda-Inseln: Scheinbulben eiförmig, bis 4 cm lang, einblättrig, mit kurzem *Rhizom,* Blütenstand dichtgedrängte Blüten kopfförmig. Einzelblüte ähnlich *Masdevallia.* Untere *Sepalen* enden in langem Faden, Lippe klein, auf Stiel, schaukelnd, olivgrün, gesamte Farbe weißgelblich. Blütezeit: Oktober bis Dezember.

Phajus, die Dunkelorche, ist ein Erdbewohner und hat starke Wurzeln. Die Bulben sind zwiebelförmig und sind mit großen, langen, längsgefurchten Blättern besetzt. Aus den Scheidenblättern an der Seite der Scheinbulben kommen die Blütenschäfte hervor mit einer großen, aufrechten Blütentraube, die allmählich auf- und abblüht.

Dendrobium Winifried Fortesque, eine D. nobile-Hybride (oben); Bulbophyllum lobii, eine von vielen Arten (unten)

Chysis aurea aus Südamerika

Von Westafrika bis Samoa in rund 30 Arten. Nahe verwandt mit *Calanthe.* Meiste Arten mit gesporntem *Labellum.*

P. tankervilliae, Heimat Indien: Scheinbulben bis 7 cm hoch, 4blättrig. Blätter schmal, gestielt, bis 60 cm lang. Blütenschaft bis 70 cm lang, 10blütig, mit abfallenden Hochblättern besetzt. Blüte bis 10 cm Durchmesser. Oberes *Sepalum* aufrecht, andere und *Petalen* diagonal stehend, bandförmig, spitzauslaufend. Lippe fast röhrenförmig, kurz gespornt. Blütenblätter dunkelbraun, Lippe dunkelpurpurn mit hellem Rand. Blütezeit: Mai bis Juli.

Calanthe, die Schönorche, ist in den gesamten Tropen verbreitet. Erdorchideen in rund 40 Arten mit Scheinbulben ohne *Rhizome,* mit gerippten, ungestielten Blättern, immergrün oder abfallend. Traubiger Blütenstand, vielblütig. Lippe mit Säule verwachsen und mit Sporn.

C. vestita, Heimat Burma: Blüten cremeweiß bis rosa, an hängendem Blütenstand, großblumig, laubabwerfend. Viele Abarten. Zur vollen Blütenentfaltung ist viel Wärme nötig. Blütezeit: November bis Januar.

Chysis, die Hängeorche, lebt als hängender *Epiphyt* in Mittelamerika. Bulben zigarrenförmig, fleischig, mit 3–5blättrigem Blattschopf. 3–10blütige Traube erscheint mit neuen Blättern. Blätter vielrippig. In Blütezeit abfallend, also kurzlebig. Blüte wachsartig. *Sepalen* und *Petalen* gleichartig. Lippe dreilappig mit Wulsten.

C. aurea, Heimat Mittelamerika: Spindelförmige Bulben, 3–7blütige Traube. Blütenblätter safrangelb, Lippe karmesinrot, längsgestreift, gerändert. Blütezeit: April.

C. bractescens, Heimat Mexico: Gestalt ähnlich *C. aurea.* Wuchs gedrungener. Einzelblüte größer, fast rund, elfenbeinweiß, Lippe goldgelb, rot gezeichnet. Blütezeit: März bis Mai.

Bletia, tropisch-amerikanische Erdbewohner, mit *Chysis* verwandt. Mehrgliedrige Knollen mit 2–4 langen schmalen Blättern. Schaft aufrecht, locker besetzt. Blütenblätter gleichartig, Lippe dreilappig, mit Kämmen, meist rote Blüten, mit 8 Pollinien, bis 20 Arten.

B. patula, Heimat Westindien: Knollen konisch, 2–3blättrig, Blüten 5 cm Durchmesser, violettrosa, Lippe weiße Lamellen. Blütezeit: April bis Juni.

Coelogyne, die Griffelnarbe, *Epiphyten* aus Indomalaya, meist auf Felsen lebend. Die Scheinbulben wachsen sehr verschiedenartig kugelig, spindelförmig, eiförmig, scheibenförmig, länglich zylindrisch. Blätter sind immergrün, einzeln oder zu zweit gestielt oder ungestielt auf Bulbenspitze. Rund 150 Arten kommen in Monsungebieten von Ceylon bis Samoa vor.

C. cristata, Heimat Indien, auf Fels: eiförmige Bulben, bis 6 cm hoch, lichtgrünes Blattpaar, bis 20 cm lang. Traubiger Blütenstand, 3–4 Blüten mit 10 cm Durchmesser, *Sepalen* und *Petalen* bandartig, Rand gewellt, reinweiß, Lippe breit gewellt, gekerbt, in Mitte auf weiß gelbe gefranste Kiele. Blütezeit: Januar bis April.

C. massangeana, Heimat Indonesien: eiförmige, gerippte Bulben, Blätter bis 30 cm lang, gestielt, die Blütentrauben bis 1 m lang, hängend, zweizeilig, *Sepalen* und *Petalen* bandförmig, länglich, cremeweiß, Lippe sepiabraun mit weißen Kämmen. Blüte erscheint vor dem Neutrieb. Blütezeit: April bis Juli.

C. dayana, Heimat Borneo: obiger fast gleich, Lippe aber schokoladefarben.

Pleione, der *Coelogyne* sehr nahe verwandt. Scheinbulben mit ei-, flaschen- oder zwiebelähnlicher Form, in der Mitte mit Wulst, Oberfläche genarbt. Jedes Jahr ein Neutrieb mit Blattschopf, die aber bald wieder – mit Beginn der Trockenzeit – abfallen. Nach kurzem Regen entwickelt sich neuer Blütentrieb und ein neuer Blatttrieb. Der Blütenschaft ist mit Hochblättern geschützt gegen Austrocknung. Blüten fast *cattleyenähnlich,* kurzlebig. Erdbewohner. Indien bis China, in subalpinen Regionen, etwa 12 Arten.

P. lagenaria, Heimat Himalaja: mit flaschenartigen Pseudobulben mit wulstartigem Ring in der Mitte, Blätter 12 cm lang, Schaft einblütig. Blüte weiß bis violettrosa, innere Tüte der Lippe gelb. Blütezeit: September bis November.

P. pogonioides, Heimat Südchina: kugelige Bulben, 2,5 cm hoch,

Coelogyne cristata, eine »alte«, kühle Zimmerorchidee

Pleione limprichtii, für den Garten geeignet

schmale, elliptische Blätter, 12 cm lang, Blüten ähnlich der *P. praecox,* violettrot, Lippe gezähnt, mit Kielen, gelb-weiß gezeichnet. Blütezeit: April bis Mai.
P. praecox, Heimat Himalaja: Scheinbulben eiförmig, breit, zwei elliptische Blätter, bis 25 cm lang, Blüten violettrot, 6 cm Durchmesser, Lippe weiß bis rosa, tütenförmig, Vorderlappen gefranst, Schlund gelb. Blütezeit: Oktober bis November.

Dendrochilum (= Baumlippenständel) kommt in rund 150 Arten vorwiegend auf den Philippinen vor. Pflanze ist klein und kompakt, mit kleinen Scheinbulben und lanzettlichen Blättern (20 cm lang/ 4 cm breit). Aus Neutrieben kommen in Röhre Blütenstände hervor. Blütenschäfte lang, drahtig, überhängend, Blüten in Ähre stehend.
D. glumaceum, Heimat Philippinen: eiförmige, kurze, schmale Scheinbulben, büschelförmig zusammengedrängt, jede mit schmalem langen Blatt. Blüten ca. 15 mm Durchmesser, *Sepalen* und *Petalen* schmal, zugespitzt, weiß, Lippe sehr klein, gelb. Blüten gleichen Haferspelzen. Blütezeit: März bis April.

Der Verwandtschaftskreis von Vanda
(Vandoideae)

Dieser fünfte Stamm der Orchideen hat unter anderem folgende Merkmale: Die Pflanzen haben immer feste Pollinien in der Vier- oder Zweizahl. Alle Gattungen und Arten haben Stielchen (Stipes). Die Pflanzengestalt ist entweder aus Sproßbündeln gebildet oder besteht aus Scheinbulben an *sympodialer* Achse oder aus einer eintriebigen, aufrechten bis verzweigten Achse *(Monopodium).* Das Spitzenwachstum ist unbegrenzt. In diesem Stamm ist der andere große Teil jener Orchideen zu finden, die sie mit Recht so beliebt gemacht haben: *Phalaenopsis, Vanda, Renanthera, Ascocentrum, Angraecum, Cymbidium, Lycaste, Zygopetalum, Stanhopea, Oncidium, Odontoglossum, Miltonia, Trichopilia, Catasetum, Cycnoches,* um einige der interessantesten zu nennen.
Zur Gruppe der *Sarcanthinae* gehören vornehmlich *monopodiale* Orchideen, die in den altweltlichen Tropen beheimatet sind.
Sarcochilus, diese Gattung ist kurzstämmig oder stammlos. Der Blütenstand ist eine Traube; bemerkenswert die sacklose Lippe.

Doritis plucherrima aus Thailand

S. hartmannii, Heimat Queensland/Australien: fast stammlos, mit zungenförmigen Blättern, spitz, 10 cm lang, aufrechtstehende Blütentraube, 20 cm lang, vielblütig, *Sepalen* und *Petalen* oval, am Grunde rotgesprenkelt, Lippe dreilappig mit Höcker, weiß mit gelber Zeichnung. Blütezeit: März bis April.

S. luniferus = *Chilochista lunifera,* Heimat Burma, Java: Blatt- und stammlos, Traube 6–12blütig, bis 10 cm langer Stiel, Blüte 1,5 cm Durchmesser, *Sepalen* und *Petalen* oval, rotfleckig, Lippe weiß, innen gelb. Blütezeit: April bis Mai.

Doritis bildet den Übergang zu *Phalaenopsis.* Die Gestalt stimmt überein. Die Lippe ist bei beiden ungespornt. *Sepalen* und *Petalen* stehen ab. Lippe ist dreilappig, zwei Pollinien mit Stiel, Klebemasse.

D. pulcherrima, Heimat Thailand: Blätter länglich, bis 20 cm lang, Schaft aufrecht, bis 45 cm hoch, 10–15blütig, Blüte ca. 4,5 cm Durchmesser, *Sepalen* und *Petalen* abstehend, länglich-oval, hellviolett-rosa, Lippe mit Seitenlappen, aufrechtstehend, Mittellappen eiförmig, hell geadert, mit zweispitziger Schwiele. Blütezeit: September bis November.

Phalaenopsis (= Malayenblume): Von Indien bis Philippinen und Neuguinea. Prächtige Blüten mit sporn- und kinnloser Lippe. *Sepalen* und *Petalen* abstehend. Schlanke Säule mit deutlichem Fuß. Alle Arten stammlos, mit flachen, fest anliegenden Wurzeln. Blätter länglich-oval, stumpf, oft groß. Blütenstände teils verkürzte Trauben, teils lockere Trauben, die Rispen genannt werden.

P. amabilis, Heimat Sunda-Inseln: Blätter fleischig, länglich-eiförmig (30 cm lang/12 cm breit), Schaft bis 70 cm lang, 6–15blütig, Blüten bis 10 cm Durchmesser, weiß mit gelbem Hauch auf Lippe, rote Striche, *Sepalen* länglich-stumpf, *Petalen:* keilförmiger Grund in Kreis endend, reinweiß, Seitenlappen der Lippe in Schwänze endend. Blütezeit: Oktober bis März.

P. cornu-cervi, Heimat Sumatra: Blätter länglich (20 cm lang/5 cm breit), Schaft verzweigt, vielblütig. Gelb mit braunen Querflecken, 5 cm Durchmesser, Lippe weiß mit Seitenlappen und dreieckigem Vorderlappen. Blütezeit: Mai bis September.

P. lueddemanniana, Heimat Philippinen: Blätter elliptisch (25 cm lang/8 cm breit), wenig blütig, Blüten 5 cm Durchmesser, Blütenblätter elliptisch, weißlich, rotgefleckt, Lippe mit Seitenlappen und länglichem Vorderlappen, violettrot mit Linien. Sehr variabel. Blüten vergrünen nach Befruchtung. Blütezeit: Mai bis Juni.

P. mannii, Heimat Assam: Blätter umgekehrt lanzettlich (25 cm lang/5 cm breit), Schaft 4–6blütig, 25 cm lang, Blüten 4 cm Durchmesser, Blütenblätter elliptisch spitz, gelblich, braunfleckig quer, kurze Lippe, weiß. Blütezeit: Mai bis August.

P. mariae, Heimat Borneo, Sunda-Inseln: Gestalt ähnlich *P. lueddemanniana.* Blütenschaft 40 cm lang, Blüten 4 cm Durchmesser, Blütenblätter weiß, purpurquerfleckig, Lippe wie bei *P. mannii,* jedoch violettrosa, Vorderlappen dicht behaart. Blütezeit: Juni bis August.

P. schilleriana, Heimat Philippinen: Gestalt ähnlich *P. amabilis,* jedoch vielblumiger, verzweigter Blütenschaft. Blätter dunkelgrün, grauweißgefleckt. Blüten hellrosenrot, kleiner wie bei *P. amabilis.* Lippe rotfleckig mit roter Schwiele. Blütezeit: Februar bis Mai.

P. stuartiana, Heimat Philippinen: Gestalt ähnlich *P. schilleriana.* Blüten 6 cm Durchmesser, Blütenblätter weiß, seitliche *Sepalen* auf unterer Seite braunrot gefleckt, Fortsätze an Vorderlappen länger ausgezogen. Blütezeit: November bis Februar.

P. violacea, Heimat Sumatra: Blätter elliptisch bis oval (25 cm lang/8 cm breit), Schaft 2–4blumig, Blüten 5 cm Durchmesser, *Sepalen* und *Petalen* sternförmig gespreizt, bandförmig, violettrosa, Lippe ähnlich *P. lueddemanniana,* aber dunkler und stumpfer Vorderlappen. Wächst an Bäumen oft in Gesellschaft mit *P. cornu-cervi* und *P. sumatrana.*

Phalaenopsis-Hybriden.
Die erste *Phalaenopsis-Hybride* stellte Dr. Lindley bei einem Import von *P. aphrodite (= amabilis)* 1853 fest. Es handelte sich also um eine in der Natur vorkommende *Hybride.* Um den Beweis zu liefern, kreuzte Herr Seden *P. amabilis* mit *Phal. rosea* als Mutterpflanze. Und tatsächlich erblühte 1886 *P. x intermedia.* Das war der Anfang der Züchtung mit dieser Gattung. In den vergangenen Jahrzehnten hat die Züchtung von *Phalaenopsis-Hybriden* eine zunehmende Bedeutung erlangt, ja sie ist vorherrschend geworden, vor allem in Deutschland und den USA. Diese züchterische Arbeit hat eine Zimmerorchidee entstehen lassen, wie es kühnste Hoffnungen nicht erwarten ließen. Die Robustheit ist beispielhaft. Ebenso erstaunlich ist die Vielfalt der Farben und Formen der neuen *Hybriden.* Außer blauen Tönen ist ziemlich die ganze Farbskala von weiß bis rotviolett erreichbar. Die roten Farben sind vor allem auf Einkreuzungen von *Doritis* zurückzuführen. Es ersteht dabei die Zwei-Gattungshybride *Doritaenopsis (Dtps.).* Aus *P. amabilis* entstand die *P. Grace Palm* und *Alice Gloria* als reinweißblühend. Andere sind mit Namen *P. Salamis, P. Gertrude Beard, P. Mantilla, P. Schneeball.* Die gesuchte gelbe Farbe ist in *P. Golden Sands* verkörpert. Weiß mit roter Lippe ist gefragt: *P. Mad Hatter,* Rosafarbene: Die Generation der *Lipperosa, Lipperot, Lippeglut, Lippezauber,* dann *Rosenrot, Zauberrot, Zauberrose* oder *Toxi, Lili Marlen, Carmen Coll, Renate Freese, Staatsbad Salzuflen, Doris Wells.* Dann gibt es den Stern-Typ: *Star of Celle, Star of Diamond Head, Brandenburg, Achat.* Dunkle Farben bei den Doritaenopsis-Kreuzungen: *Mem. Clarence Schubert, Malibu Queen, Hermann Goldberg, Rote Funken, Hahnwald, Fire Cracker, Red Coral.* Neue Farben sind weißgrün und pastellfarben, hier einige Beispiele aus der Fülle des Neuen: *P. Abendrot, Apfelblüte, Dorisstar, Andrea, Pastella, Wintermärchen, Arthur Elle, Tigress.*

Aerides (die Luftwurzelorche) ist ein Baumbewohner in den Gebirgswäldern der altweltlichen Tropen. Die Wurzel ist besonders gut für die *epiphytische* Lebensweise ausgebildet. Der Sproß ist aufrecht und mit dicken, ledrigen, gekielten Blättern besetzt. Die Blätter sind zweireihig angeordnet, breit, riemenförmig. Der Blütenschaft entwickelt sich seitwärts und hängt, er trägt eine langgestielte Traube mit einer Reihe von wachsartigen, duftenden Blüten. Die Blütenfarbe ist cremeweiß bis rosa.

A. odoratum, Heimat Indomalaya, Philippinen: Wohlriechende Blüten verschiedener Größe. *Sepalen* und *Petalen* gespreizt, oval und stumpf. Farbe weiß bis elfenbein. Lippe mit seitlich stehenden Seitenlappen und aufrechtstehenden rosaroten Vorderlappen. Deutlicher Sporn ist nach vorn gebogen. Blütezeit: Juli bis September.

Phalaenopsis-Hybriden in einem Liebhaber-Gewächshaus

Rhynchostylis retusa aus Indomalaysia

Vanda tricolor aus Java

Rhynchostylis (= Schnabelgriffel) ist der *Aerides* sehr ähnlich. Sie ist derber und härter. Wurzeln und Blätter sind starrer. Der Blütenschaft ist kurz und hart, der Blütenstand ist eine zylinderähnliche Blütentraube. Die Arten leben *epiphytisch* im indomalayischen Raum bis zu den Philippinen.
P. retusa, Heimat Indien bis Philippinen: bis 20 cm hoher Stamm, dicht beblättert (30 cm lang/3 cm breit). Blütentraube bis 25 cm lang, Einzelblüte 2 cm Durchmesser, Duft! *Sepalen* und *Petalen* eiförmig, gespreizt. Blüte weiß mit purpur überhaucht, violett punktiert. Lippe zungenförmig, Seitenlappen verkümmert. Blütezeit: Juli bis September.
Die **Gruppe um Vanda** schließt unmittelbar ein: *Vanda, Vandopsis, Ascocentrum, Renanthera, Arachnis, Aerangis, Angraecum.* Diese Gruppe bildet keinen Sporn aus, hat 4 Pollinien, keinen deutlich ausgebildeten Säulenfuß.
Vanda (= indischer Urname für Orchidee), Heimat Indien bis Philippinen: *Monopodiale,* hochstämmige Pflanzen mit zweizeilig gestellten Blättern verschiedenen Querschnittes. Reichblütige, traubige Blütenstände sind seitenständig, so daß eine Pflanze mehrere tragen kann. Blüten groß und auffallend gefärbt. *Sepalen* und *Petalen* sind gleich, an der Säule angenagelt, *Petalen* sind horizontal gedreht. Lippe an Basis mit Säule fest verwachsen, dreigeteilter Vorderlappen. Alle Arten leben *epiphytisch.*
V. coerulea (blaue Vanda), Heimat Himalaya bis Burma: Stamm bis 1 m hoch verholzt, Blätter zweizeilig angeordnet (25 cm lang/2 cm breit), waagerecht stehend. Blütenschaft bis 50 cm lang, traubig. Einzelblüte 10 cm Durchmesser, *Sepalen* eiförmig, Rand leicht gewellt, weiß mit blauem Hauch, zart blau quergetupft. *Petalen* etwas schmäler, stärker gewellt, waagerecht stehend gedreht, Lippe kurz, leicht gespornt, Vorderlappen waagerecht nach vorne stehend, dunkelblaue Zunge. Von einer Pflanze zur anderen kann man oft schöne Blütenfarben feststellen. Wertvolle Abart: *Vanda coerulea var. Hennisiana* mit großer Blüte, die auf hellblauem Grunde eine dunkelblaue Schachbrettzeichnung hat. Blütezeit: Oktober bis Dezember.
V. tricolor (dreifarbige Vanda), Heimat Java: Gestalt ähnlich obiger Art. Blüten weißgelblich mit braunroten Tupfen, Lippe violett gezeichnet. Duft! Blütezeit: September bis April.

Vandopsis parishii var. mariottiana aus Thailand

Arachnis Maggie Oei, eine bekannte Hybride aus Singapore für Schnitt

V. sanderiana, Heimat Philippinen: Blütenblätter nicht gedreht, oft als Ausnahme betrachtet. Gestalt ähnlich der *V. tricolor.* Blüten besonders groß, prächtig. Grundfarbe gelb bis braun mit purpurnen Adern durchzogen, Vorderlappen rotbraun. Wichtig für die Züchtung, wertvolle Nachkommen. Oft als *Euanthe sanderiana* bezeichnet.

Vanda-Kreuzungen: Sie sind für Südostasien bedeutend in der Züchtung. Es sind viele wertvolle, sehr haltbare Kreuzungen entstanden, die heute gelegentlich als Schnittblumen eingeflogen werden. Auch in Florida wird eifrig damit gekreuzt. Gute *Vanda coerulea-Hybriden* sind *V. Blaue Donau, V. Blue Boy, V. Hilo Blue, V. Blue Pacific, V. Bo Peep, V. Violetta.* Wichtige *V. sanderiana*-Kreuzungen sind unter anderen: *V. Ellen Noa, V. Eisenhower, V. Bill Sutton, V. Oscar M. Kirsch, V. Waikiki.* Wichtig ist auch die Kombination von *V. coerulea x V. sanderiana = V. Rothschildiana,* ferner *V. Burgeffii* aus *V. sanderiana x V. tricolor var. suavis.*

Vandopsis mit *Vanda* nahe verwandt, Heimat Burma bis Neuguinea und Philippinen. Lippe nicht deutlich dreilappig wie bei *Vanda.*
V. parishii, Heimat Burma bis Thailand: Stamm kurz, Blätter *elliptisch,* ungleich zweilappig (25 cm lang/5 cm breit), Blütenschaft aufsteigend, bis 25 cm, 5–7blütig, Blüte 5 cm Durchmesser, *Sepalen* und *Petalen elliptisch,* abstehend, grün-gelb mit braunen Flecken, Lippe knieförmig gebogen, vorne *elliptisch* verbreitert, hoher Kiel, hellgelb, rosagefleckt. Blütezeit: April bis August.

Arachnis, nahe *Vandopsis,* Heimat Indomalaya: Blütenstand aufrecht, sparrige Blüten, Blütenblätter schmal, sichelförmig gebogen, dreilappige Lippe mit Kinn und kleinem Vorderlappen. 5 Arten, häufig für Züchtungen verwendet.

A. flos-aeris, Heimat Malakka, Java: Stamm schlank, bis 4 m hoch, locker beblättert. Blätter schmal (15 cm lang/4 cm breit), Blütenstand aufrecht, bis 1,5 m lang. Einzelblüte bis 9 cm Durchmesser, Blütenblätter gelb, braun gebändert. Lippe 2 cm lang, blaßgelb, braunrandig, innen hellviolett, braungestreift. Blütezeit: August bis November.

Renanthera, Heimat Indomalaya und Philippinen: Erinnert zum Teil an *Arachnis,* aber an dem sackartigen Sporn der Lippe erkennbar. Seitliche *Sepalen* vergrößert. Kapuzenförmige *Anthere* enthält zwei ungleiche Pollinien. Starrer Stamm, kurze, dichte Belaubung, verzweigte, aufrechte vielblütige Blütenstände. 10 Arten.

R. imshootiana, Heimat Assam: Stamm bis 2 m hoch, Blätter (12 cm lang/3 cm breit), Blütenstand bis 45 cm lang, Blütenfarbe gelb bis scharlach. Mittleres *Sepalum* und *Petalen* linealisch-zungenförmig. Seitliche *Sepalen* doppelt so lang, elliptisch, Rand gewellt, leuchtend scharlach. Lippe scharlachrot mit gelben Schwielen, kurzem Sack, Vorderlappen rundlich. Blütezeit: April bis Juli.

Ascocentrum, Heimat Indomalaya: ähnliche Gestalt, jedoch kleiner, kurzer Stamm, dichtbeblättert, linealisch, schiefgestutzt, mehrzähnig. Kurzgestielte, mehrblütige Blütentraube, seitenständig.

A. miniatum, Heimat Borneo: Blüten 2 cm Durchmesser, *Sepalen* und *Petalen elliptisch*-stumpf. Lippe mit dreieckigen Seitenlappen, breitem länglichem Vorderlappen, Sporn zylindrisch, gelb. Blütezeit: April bis Juni.

Angraecum, Heimat tropisches Afrika: *Epiphyten* mit einem bis 1 m hohen Stamm mit zum Teil ausladenden Blättern. *Sepalen* und *Petalen* sind einander fast gleich, zungenförmig. Lippe muschelförmig mit ausgeprägtem Sporn, der sack- oder fadenförmig ist. Als Kleinarten sind zu nennen: *A. distichum, A. leonis, A. scottianum.* Große, bekannte Arten sind: *A. eichlerianum, A. sesquipedale.*

Hybriden der Vanda-Gruppe

In Südostasien und in Florida haben die Kreuzungen aus diesen Gattungen eine überragende Bedeutung erlangt. Viele der bei uns in den letzten Jahren eingeflogenen Schnittblumen gehören in diese Gruppe. Daher erscheint es nützlich, darauf näher einzugehen. Die Artenhybriden sind bei der Gattung besprochen.

Zweigattungshybriden

Aeridachnis Bogor (1954) = *Aerides* × *Arachnis*
Aeridocentrum Luke Nok (1967) = *Aerides* × *Ascocentrum*
Aeridopsis Shinjiku (1938) = *Aerides* × *Phalaenopsis*
Aeridovanda Mundyi (1918) = *Aerides* × *Vanda*
Arachnopsis Rosea (1939) = *Arachnis* × *Phalaenopsis*
Arachnostylis Chorchalood (1966) = *Arachnis* × *Rhynchostylis*
Aranda Jacoba Luisa (1937) = *Arachnis* × *Vanda*
Aranthera Mohamed Haniff (1936) = *Arachnis* × *Renanthera*
Ascocenda Portia Doolittle (1949) = *Ascocentrum* × *Vanda*
Ascorachnis George Neo (1967) = *Ascocnetrum* × *Arachnis*
Doritaenopsis Asahi (1935) = *Dotitis* × *Phalaenopsis*
Phalandopsis Star of Hawaii (1960) = *Phalaenopsis* × *Vandopsis*
Renides Kaiulam (1955) = *Renanthera* × *Aerides*
Renancentrum Yap Sin Yee (1965) = *Renathera* × *Ascocentrum*
Renanopsis Lena Rowold (1949) = *Renanthera* × *Vandopsis*
Renanstylis Jo Ann (1960) = *Renanthera* × *Rhynchostylis*
Renantanda Sanderi (1935) = *Renanthera imshootianan* × *Vanda suavis*

Renanthera matutina, monopodiale Orchidee von den Phillippinen (oben); Angraecum infundibulare, Westafrika, Winterblüher (unten)

Renanthopsis Premier (1935) = *Renanthera imshootiana* × *Phalaenopsis sanderiana*
Rhynchocentrum Sagarik (1963) = *Rhynchostylis* × *Ascocentrum*
Rhynchonopsis Winona Jordan (1965) = *Phalaenopsis* × *Rhynchostylis*
Rhynchovanda Fantasy (1958) = *Rhynchostylis* × *Vanda*
Hier sind nur die ersten *Hybriden* genannt, um die Kreuzungsgattungen deutlich sichtbar zu machen.

Dreigattungshybriden

Burkillara Henry (1967) = *Aerides* × *Arachnis* × *Vanda*
Hawaiiara Sunglow (1959) = *Renanthera* × *Vanda* × *Vandopsis*
Holttumara Cochineal (1958) = *Arachnis* × *Renanthera* × *Vanda*
Laycockara Lim Kim Hong (1966) = *Arachnis* × *Phalaenopsis* × *Vandopsis*
Limara Lim Lean Teng (1960) = *Arachnis* × *Renanthera* × *Vandopsis*
Lymanara Mary Ann (1967) = *Aerides* × *Arachnis* × *Renanthera*
Moirara Sunbeam (1963) = *Phalaenopsis* × *Renanthera* × *Vanda*
Phalaerianda Honolulu (1951) = *Aerides* × *Phalaenopsis* × *Vanda*
Rhyndoropsis Florida (1966) = *Rhynchostylis* × *Doritis* × *Phalaenopsis*
Trevora Inggraini (1963) = *Arachnis* × *Phalaenopsis* × *Vanda*
Yapara Oi Yee (1966) = *Phalaenopsis* × *Rhynchostylis* × *Vanda*

Viergattungshybride

Onoara Sapphire (1967) = *Ascocentrum* × *Renanthera* × *Vanda* × *Vandopsis*
Die Eltern sind: *Ascocenda Medo Arnold* × *Renanopsis Lena Rowold.* Sehr oft wird *Vanda sanderiana* als eigene Art angesehen mit dem Namen *Euanthe sanderiana.* Das führt bei Mehrfachkreuzungen zu Schwierigkeiten in der Namensgebung, trotz einer internationalen Kommission. So gilt auch:
Carrara Blue Fairy (1966) = *Vanda* × *Euanthe* × *Ascocentrum* × *Rhynchostylis* = *Schlechterara Meda Arnold* × *Rhynchostylis retusa.* Dazu gehört dann auch: *Schlechterara Meda Arnold* (1966) = *Vanda* × *Euanthe* × *Ascocentrum.*
Daraus sind schon bei oberflächlicher Betrachtung Probleme erkennbar, die sich bei so ausgedehnter *Hybridisation* ergeben können oder müssen. Sicher sind auch Fünfgattungshybriden möglich und so fort.
Für den Liebhaber sind neben der erwähnten *Ascocenda Meda Arnold* auch noch die *Hybriden Ascd. Erika Reuter, Medasand* und *Yip Sum Wah* von Interesse.

Aeridovanda Tsusuku Iwasaki, Züchtung aus Singapore für Schnitt (oben); Ascocenda Meda Arnold (Ascocentrum × Vanda) mit prächtigen Blüten (unten)

Cymbidium Showgirl, blühwilliges Miniaturcymbidium

Cymbidium (= Kahnorche), Heimat Himalaya, Indochina, Neuguinea, Australien: hat in den letzten Jahrzehnten große Bedeutung erlangt. Es gibt *Epiphyten* wie Erdbewohner unter ihnen. Von Gestalt bilden sie eiförmige bis längliche Scheinbulben. Die langen, schmalen Blätter umschließen die Bulben mindestens im Jugendstadium, immergrün, die Wurzeln sind dick und fleischig, sie haben ein *Velamen.*
Die Blütenstände entspringen den unteren Achsen der Scheinbulben und entwickeln sich aufrecht, waagerecht oder hängend zu Trauben. *Sepalen* und *Petalen* sind meist gleichartig geformt. Das obere *Sepalum* legt sich meist über die Säule. Die Lippe ist dreilappig, mit langen Seitenlappen, die die Säule umfassen. Das *Labellum* erscheint als kleiner Kahn.
C. lowianum, Heimat Burma: Scheinknollen flaschenförmig, von den Blattscheiden umhüllt. Trauben bis 1 m lang, bis 10 cm Durchmesser. Blütenblätter relativ schmal, schmutziggelbgrün, bräunlich liniiert. Lippe mit hohen Seitenlappen, elfenbeinfarben, spitzer Vorderlappen kastanienbraun, gelb gesäumt. Bekannteste Art. Blütezeit: Februar bis April.

C. tracayanum, Heimat Burma: Gestalt ähnlich obiger Art. Schaft bis zu 20 Blüten. Einzelblüte bis 15 cm Durchmesser, Blütenfarbe rotbraun mit purpurner Streifung. Vorderlappen der Lippe breit auslaufend, gekräuselt, hellgelb dunkelrot getupft, haltbar, duftend. Blütezeit: Oktober bis Dezember.
Nördliche Formen wie *C. pumilum, C. sinense, C. tirgrinum* unter anderen sind als Art weniger von Interesse. Sie wurden aber zur *Hybridisation* verwendet. Das Ergebnis sind die Mini-*Cymbidien,* die sich im Zimmer leicht halten lassen.
Cymbidium-Hybriden:
Die bedeutendste *Hybride* war lange Zeit *C. Alexandri »Westonbirt«.* Von dieser Kreuzung aus *C. eburneo-lowianum* × *C. insigne* (1911) und im gleichen Jahr *C. Pauwelsii* aus *C. insigne* × *C. lowianum* entstammt eine Vielfalt von neuen Züchtungen mit großer Nachkommenschaft. 1942 blühte *C. Babylon* = *C. Alexandri* × *C. Pauwelsii.* Schon 1934 *C. Balkis* = *C. Alexandri* × *C. Rosanna.* Eine altbekannte ist *C. Ceres* = *C'ansonii* × *C. insigne* (1919). *C. Coningsbyanum* = *C. grandiflorum* × *C. Insigne. C. Doris* (1912) = *C. insigne* × *C. tracayanum. C. Louis Sander* (1924) entstand aus *C. Alexandri* × *C. Ceres.* 1918 erblühte *C. Pearl* aus *C. Alexandri* × *C. grandiflorum.*
Mini-Cymbidium-Hybriden haben große Bedeutung erlangt. Die Pflanze ist insgesamt kleiner, die Blütenrispen nicht so umfangreich, nicht so vielblütig, die Kultur auch in wärmeren Klimabereichen bzw. im Zimmer leichter möglich. Ausgangsform ist *Cymbidium pumilum* × ? = *Cymbidium Oiso* 1956 in Japan. Alle bedeutenderen *Hybriden* wurden in *C. pumilum* eingekreuzt: × *Alexandri* = *C. Sweetheart,* × *C. Babylon* = *C. Oriental Legend,* × *C. Princesse Maria* = *Fairy Wand,* × *C. Pajaro* = *C. Mary Pinchess,* × *C. Purpureum* = *C. BoPeep,* × *C. Zebra* = *C. Flirtation,* × *C. Apollo* = *C. Green Sprite,* × *C. Rosalite* = *C. Minneken.* Bis 1970 gab es schon über 150 *Minicymbidium-Hybriden* mit *C. pumilum.* Trotzdem war bis dahin noch immer *C. Balkis* mit weit über 200 an der Spitze der Züchtung. Es kamen dann andere Arten von kleinem Wuchs als Partner hinzu: *C. madidum, C. hoosai, C. virescens, C. ensifolium, C. tigrinum.* Schließlich setzte die zweite Mini-Generation ein, die sog. *Poly-Min* mit *C. Showgirl* = *C. Sweetheart* × *C. Alexandri* 1962, *C. Modred* = *C. Sweetheart* × *C. Khyber Pass.*
Die *Cymbidien* gehören zu den dankbarsten Orchideen. Sie halten sehr lange im Schnitt und an der Pflanze, sie haben fast alle Farbspiele außer blau hervorgebracht.
Maxillaria (= Kinnbackenorche), Heimat Mittelamerika: meist *Epiphyten.* Gestalt ist verschiedenartig wie bei *Masdevallia* oder bei *Coelogyne. Trieb ist einblättrig, ledrig. Blütenschäfte bilden sich am Rhizom* in der Nähe des Neutriebes. Blüte ist einblütig, haltbar, oft unansehnlich.
M. lueto-alba, Scheinbulben dicht gedrängt, oval, auf jeder ein Blatt,

lanzettlich, zugespitzt, 50 cm lang. Schäfte bis 25 cm lang, mit einer Blume. *Sepalen* strahlenförmig gespreizt, cremfarben gelborange. *Petalen* halb so lang, weiß, rosa gestrichelt. Duft! Blütezeit: April bis Juli.

M. picta, Heimat Brasilien: Bulben eiförmig, Blätter lederig, 30 cm lang. Viele Schäfte nur 15 cm lang, Einzelblüte 6 cm Durchmesser, gelb violett gestreift, mit Bändern und Tupfen. Blüte haltbar. Duft! Blütezeit: Januar bis April.

Bifrenaria (= Doppelzaun), Heimat Brasilien: *Epiphyten.*

B. harrisoniana auf Felsen wachsend, eiförmige, seitlich zusammengedrückte Scheinbulben, 4kantig, Blatt elliptisch, spitz, kurz, dünnledrig, 15 cm lang. Blüten meist auf 20 cm langen Stielen, Blüte 10 cm Durchmesser, cremeweiß, Lippe orange mit purpur, Vorderlappen viereckig. Blütezeit: April bis Juni.

Lycaste, Heimat Zentralamerika: gehört in diese Verwandtschaft, auch mit *Anguloa. Epiphyten.* Scheinbulben eiförmig, mehrere Blätter, gefaltet, lang, dünn auf Bulben sitzend.

L. aromatica, Heimat Mexico: Scheinbulben eiförmig, flachgedrückt, 6 cm hoch. Blätter gefurcht (25 cm lang/5 cm breit). Nach Blattwurf stehen an Bulbenspitze 2 Dornen. Blüten erscheinen büschelweise in Nähe der Neutriebe, jede Blüte auf 8 cm hohem Schaft, 5 cm Durchmesser. *Sepalen* breit, gespreizt, an Spitze nach außen gebogen. *Petalen* kurz, verdecken Säule, nach außen gebogen, bilden sackartige Tüte. Lippe zweilappig, kurzer Mittellappen. Schmutziggelb. Zimtartiger Duft. Blütezeit: März bis Mai.

L. virginalis (= L. skinneri), Heimat Mexico: Bulben eiförmig, 8 cm hoch, Blätter: 2, lanzettlich, gefurcht, 50 cm lang. Blütenschaft 25 cm lang. Blüte bis 15 cm Durchmesser, *Sepalen* länglich, breit, stumpf, für Blüte auffallend. *Petalen* halbkreisförmig gewölbt. Lippe stellt das Auge der Blüte dar. Blütenfarbe von weiß über rosa bis rot und purpur verlaufend. Blütezeit: Oktober bis Dezember.

Zygopetalum (= Jochkronblatt), Heimat Brasilien: eingliedrige Scheinbulben, flaschen- bis zwiebelförmig, mit 2 Blättern endständig, Blüte ähnlich *Cymbidium,* nur fleischiger. *Epiphyten.*

Z. makkayi und *Z. crinitum* sind sich sehr ähnlich. Scheinbulben eiförmig, 6 cm hoch, dreiblättrig. Blätter länglich-lanzettlich (20 cm lang/3 cm breit), Blütenschaft aufrecht, 80 cm hoch, 5–7blütig, Blüten 5 cm Durchmesser, *Sepalen* und *Petalen* länglich, lanzettlich, gespreizt, grün mit braunen Bändern. Lippe verkehrt eiförmig, cremeweiß, bei *Z. mackayi* nicht behaart, bei *Z. crinitum* blauviolett behaart. Duft! Haltbar. Blütezeit: Oktober bis Februar.

Maxillaria picta, Brasilien, Frühjahrsblüher (oben); Zygopetalum crinitum, Brasilien, Frühjahrsblüher (unten)

Gongora quinquenervis, Epiphyt aus Zentralamerika

Zygopetalum-Hybriden sind noch farbintensiver, sehr lange haltbar. *Z. Arthur Elle (Z. blackii × Z. B. G. White).*
Z. B. G. White = Z. blackii = Z. mackayi. Beide sehr zu empfehlen.
Gongora, Heimat Mittelamerika: *Epiphyten* mit bizarren Blütenformen. Bulben eiförmig, spitz, mit 2 Scheidenblättern. Auf der Spitze 2 gestielte, genervte, breite Blätter. Blütenschaft entsteht an der Achse der Scheidenblätter, hängend mit bis zu 15 Blüten.
G. galeata mit kurzen eiförmigen Bulben, kurzem *Rhizom,* büschelbildend. 5 cm hoch, von 2 Scheidenblättern umgeben. Schäfte entspringen an Basis der Bulbe und hängen nach unten. Blütenstiele gebogen. Einzelblüten sitzen wie auf Schaukel. 2 *Sepalen* sind zur Seite gestreckt, oberes *Sepalum* liegt über Säule. *Petalen* schmal, seitlich neben Säule stehend, gelbbraun. Lippe kurz, bauchig gewölbt, mit hakenförmigen Vorderlappen, Lippe bräunlichrot. Geruch nach Goldlack. Blütezeit: Mai bis August.
Stanhopea, Heimat Zentralamerika: *Epiphyten,* die in Astgabeln wachsen und die bizarren Blüten nach unten hängen.
S. oculata, Heimat Mexico: in isolierten Kolonien wachsend, robuste Pflanzen. Scheinbulben oval, gefurcht 5 cm hoch. Ein dünnes, elliptisches Blatt bis 40 cm breit, Schaft mit 4–10 Blüten. Cremeweiß mit violetten Flecken. Lippe gelb und violett. Blütezeit: April bis August.
S. tigrina, Heimat Mexico: Ähnlich obiger. Ein- bis zweiblättrig. Schaft 3–6 Blüten, bis 15 cm Durchmesser, cremeweiß mit violetter oder purpurner Fleckung, Lippe gelb mit violett. Blütezeit: Mai bis Juli.
Die **Oncidium**-Gruppe wird hier durch *Oncidium, Odontoglossum, Brassia* und *Miltonia* repräsentiert. Orchideen der neuweltlichen Tropen von besonderem Wert für den Liebhaber, für Schnittblumen.
Oncidium (= Schwielenorche), Heimat Mexico bis Paraguay: hat als Merkmal die Stellung der Lippe zur Säule: Stielchen der Lippe bildet mit Säule einen rechten Winkel. Die Gattung hat sehr viele Species, rund 600 Arten sind es sicher.
O. crispum, Heimat Brasilien: Bulben eiförmig. 10 cm hoch, Scheidenblätter klein, 2 elliptische, starre Blätter. Schaft aufrecht mit vielblütiger Traube. Blüten 8 cm Durchmesser, *Sepalen* zungenförmig, oberes nach hinten gerollt. *Petalen* waagerecht, sehr breit, rundlich, Rand gewellt. Kastanienbraun mit gelben Streifen. Lippe genagelt, fast kreisrunder Vorderlappen, braun, am Grund gelb, hellgelbe Säule mit roter Kappe. Blütezeit: September bis Oktober.
O. splendidum, Heimat Brasilien: Bulben zwiebelförmig, glatt, Blatt starr, aufrecht, sehr dick mit Mittelrinne. Schaft aufrecht, verzweigt. An Zweigen Trauben mit bis 5 Blüten. Blumen 6 cm Durchmesser. *Sepalen* gespreizt, bandartig, ebenso *Petalen.* Lippe mit zwei flügelartigen Seitenlappen, Mittellappen rund, gelb. Grünliches Gelb. Blütezeit: April bis Juni.
O. varicosum, Heimat Brasilien: Bulben oval, gefurcht, 10 cm hoch, mit zwei linealen, schmalen Blättern. Schaft bildet sich an Basis der Bulbe, bis 150 cm hoch, stark verzweigt, Hunderte von Einzelblüten. Varietät *Rogersii* ist die begehrteste. *Sepalen* und *Petalen* klein, unscheinbar. Die ganze Blüte besteht nur aus der Lippe, die einen fast kreisrunden Mittellappen in reinem Gelb besitzt. Blütezeit: Oktober bis Januar.
Oncidium-Hybriden: Aus *O. varicosum* entstand *O. Golden Shower, O. Goldrausch* oder *O. Kalihi = O. kramerianum J O. papilio,* eine Schmetterlingsorchidee, die aber nicht einfach zu halten ist.
Odontoglossum (= Zahnzunge), Heimat Mittel- und Südamerika: mit großer Artenzahl, *Epiphyten,* mit zwei Gruppen nach der Herkunft eingeteilt, kühle und tropische. Scheinbulben flachgedrückt, dicht sitzend, nestbildend. Jungtriebe mit Blätterschopf, Scheinbulbe mit 1–2 Blättern, Scheidenblätter werden abgestoßen, nur unterer Teil bleibt als bastartige Braktee erhalten, schützt die Bulbe. Schaft entspringt unter der Scheinbulbe und bricht aus den jungen Scheidenblättern hervor. Blüten groß, sehr verschieden in Gestalt und Farbe.
O. bictoniense, Heimat Guatemala: Scheinbulben flach, zusammen-

Oncidium varicosum var. rogersii, Liebhaber- und Schnittorchidee

Odontoglossum grande, Tigerorchidee, sehr beliebt bei Liebhabern

gedrückt, 4 Scheidenblätter. Auf Bulben sitzen 2 bis 50 cm lange schmale Blätter. Schaft aufrecht, graugrün, mit Brakteen, 10blütige Traube, Blüte 5 cm Durchmesser. *Sepalen* und *Petalen* zungenförmig gespreizt, braun mit rotbraunen Querbändern. Gelbe Säule steht senkrecht nach vorne. *Labellum* hat zwei schmale gelbe Seitenlappen, Vorderlappen ist herzförmig, gewellt, hellviolett. Sehr haltbar. Blütezeit: September bis März.

O. crispum, Heimat Columbien: mit vielen Variationen und vielen Kreuzungen. Scheinbulben wie oben, lanzettliche Blätter 25 cm lang, mit Mittelrinne. Schaft 50 cm lang, obere Hälfte mit Traube bis 15 Blumen, Einzelblüte bis 8 cm Durchmesser. *Petalen* und *Sepalen* breit, zugespitzt, gewellt. Weiß bis rosa in allen Schattierungen. Vorderlappen hat gleiche Farbe, hellgelber Fleck um Säule. Blütezeit: Oktober bis März.

O. grande, Heimat Guatemala: Scheinbulben eiförmig, kaum geplattet, stark gefurcht, mit 2 gestielten, lanzettlichen, in der Mitte verbreiterten Blättern, graugrün, wie überstäubt. Nach Ausreifen der neuen Bulbe erscheint starker Schaft mit bis zu 10 Blüten, wovon jede bis 15 cm Durchmesser hat. *Sepalen* breitgebändert, *Petalen* waagerecht stehend, fast doppelt so breit, Grundfarbe gelb. *Sepalen* mit dunkelbraunen Querbändern durchzogen. Säule waagerecht mit hellgelber Kappe. Lippe mit herzförmigem Mittellappen, cremeweiß, rosa gefleckt. Blütezeit: Oktober bis Dezember.

O. pulchellum, Heimat Zentralamerika: Schmale Bulben mit 2–3 Blättern, bandförmig, grasartige Gestalt. An Basis bilden sich 30 cm lange Schäfte mit 10 Blüten, reinweiß, Maiglöckchenduft. Blütezeit: Oktober bis April.

O. rossii, Heimat Mexico: kleine, kompakt wachsende Pflanzen. Bulben oval, elliptisch, gepreßt, einblättrig, elliptisch, gefaltet, bis 20 cm lang. Blütenschaft wächst seitlich aus, 2–4 Blüten, weiß mit braun gefleckt. Lippe weiß und gelb. Blütezeit: Februar bis April.

Miltonia Celle »Wasserfall« AM/RHS und BM/DOG, bekannte Hybride

Odontoglossum-Hybriden
An der Spitze stehen die *O. crispum*-Kreuzungen. Bekannte Formen sind: *O. Stropheon, O. Opheon, O. Ophyras, O. Robesca.* Vor allem Charlesworth in England, Vacherot & Lecoufle in Frankreich und F. Beall in USA haben sich um neue Züchtungen bemüht.
Brassia, Heimat Mittelamerika: mit großen, flachen Scheinbulben mit 1–2 großen dauerhaften Blättern, mit reichbesetztem, traubigem Blütenstand, der am Grunde der Bulbe entspringt. *Sepalen* und *Petalen* meist langgezogen, spitz, Lippe geigenförmig. Blüte gleicht einer Spinne (Weberknecht). Nachts mit penetrantem Duft. Haltbar.
B. verrucosa, Heimat Guatemala: *Epiphyt.* Scheinbulben bis 12 cm hoch, Blätter bis 30 cm lang, Blütentrauben bis 40 cm lang. *Sepalen* beinahe 12 cm lang, *Petalen* nur 5 cm. Farbe hellgrün mit braunen Tupfen, Lippe breit, eiförmig zugespitzt, weiß mit grünen Warzen. Blütezeit: April bis Juli.

Miltonia, *Epiphyten* mit Gestaltmerkmalen, die den vorigen sehr ähneln. Bulben flach, mit Scheiden umgeben, Blätter bis 50 cm lang, riemenförmig, Blüten groß, flächig wie Stiefmütterchen. Nur an Pflanze haltbar.
M. flavescens, Heimat Brasilien: 6–12blumig, hellgelb mit roter Lippenzeichnung, *Sepalen* und *Petalen* abstehend, zungenförmig, spitz, 3,5 cm lang. Lippe länglich-oval. Blütezeit: Mai bis Oktober.
M. spectabilis, Heimat Brasilien: Scheinbulben stehen auf kriechendem *Rhizom,* Blätter zungenförmig, 15 cm lang. Schaft nur einblütig. *Sepalen* und *Petalen* zungenförmig-spitz, Lippe verkehrt herzförmig, rosenrot mit dunkelvioletter Aderung, Säule mit weißer Kappe. Blütezeit: Mai bis August.
M. vexillaria, Heimat Columbien: Typische Stiefmütterchenform. 4 bis 7 Blüten am Schaft, 10 cm Durchmesser, Gesamtblüte fast elliptisch, dunkelrosa geadert, sehr dekorativ, aber nicht für Schnitt brauchbar. Blütezeit: März bis Mai.
Miltonia-Hybriden: Es gibt eine schöne Farbenskala von Miltonien. Bekannte Sorten sind: *M. Alderwood, M. Anne Warne, M. Bluntii (spectabilis × clowesii), M. Festiva (spectabilis × falvescens), M. Gayety (Festiva × spectabilis), M. Goodale Moir (flavescens × clowesii), M. Harvest Moon (Festiva × Bluntii), M. Herrenhausen, M. Baden-Baden, M. Wolfsburg, M. Franz Wichmann, M. Celle* mit *var. Feuerwerk* und *var. Wasserfall.*
Cochlioda (= Schneckenorchidee), Heimat Peru: *Odontoglossum* sehr verwandt, die Lippe sieht schneckenschalenartig aus und die Art der Säule ist abweichend. Scheinbulben im Verhältnis breiter als hoch.
C. noezliana, mit eiförmigen, zusammengedrückten Scheinbulben, 4 cm hoch, mit einem linealischen 25 cm langen Blatt. Traube dicht, vielblumig, bis 35 cm lang. Blüte leuchtend scharlachrot, 3 cm Durchmesser, *Sepalen* und *Petalen* etwas zurückgebogen. Lippe dreilappig, Vorderlappen der Lippe gelb. Blütezeit: November bis April.
Rodriquezia, Heimat Brasilien: rund 30 Arten sind bekannt. Die Scheinbulben sind klein und stehen dicht gedrängt, ein- bis zweiblättrig. Blüten stehen in Trauben. Einzelblüte bisweilen ansehnlich, wobei *Petalen* und unpaare *Sepalen* einander ähnlich sind, die seitlichen *Sepalen* sind verwachsen. Lippe nach vorne verbreitert, zweilappig mit kurzen Kielen, Säule kurz, mit zwei Ärmchen. Als Beispiel für die Arten:
R. secunda, Heimat Guayana: Scheinbulben 2–3blättrig, bis 5 cm hoch, Blätter linealisch-zungenförmig, bis 15 cm lang, Trauben überhängend, einseitswendig, vielblütig, Blüten rosenrot, *Sepalen* und *Petalen* oval, 1,5 cm lang, Lippe zweilappig. Blütezeit: Oktober bis November.
Mehrgattungshybriden der Oncidium-Gruppe
Schon um 1900 haben die Züchter in England sich mit Kreuzungen

innerhalb dieser Gruppe beschäftigt. Durch die Farbenvielfalt besteht dazu reichlich Veranlassung. Neben der *Laeliagruppe* und der *Vandagruppe* ist die *Oncidiengruppe* das ausgedehnteste Probierfeld in der Orchideenzüchtung bei den *Gattungshybriden.* Auch hier haben wir Vierfachgattungskreuzungen. Neben der Vorstellung der ersten *Hybriden* folgt eine Liste besonders kulturwerter Züchtungen.

Zweifachhybriden

Brassidium Coronet (1948) = *Brassia* × *Oncidium*
Miltassia Premier (1958) = *Miltonia* × *Brassia*
Miltonidium Aristocrat (1936) = *Miltonia* × *Oncidium*
Miltonioda Lindenii (1909) = *Miltonia* × *Cochlioda*
Odontioda Vuylstekeae (1904) = *Odontoglossum* × *Cochlioda*
Odontobrassia Alice (1935) = *Odontoglossum* × *Brassia*
Odontocidium Fowlerianum (1911) = *Odontoglossum* × *Oncidium*
Odontonia Lairesseae (1905) = *Odontoglossum* × *Miltonia*

Einige bewährte und prächtige Züchtungen zur Wahl: *Odontioda (Oda.) Brocade, Oda. Moliere, Oda. Hambühren, Oda. Lippstadt, Oda. Lippestern, Oda. Feuerglut, Oda. Roter Lampion, Oda. Sherry, Oda. Feuerglut. Odontocidium (Odcdm.) Autumn Glow, Odcdm. Wintergold.*

Dreifachhybriden:

Aliceara Pacesetter (1964) = *Brassia* × *Miltonia* × *Oncidium*
Charlesworthara Alpha (1927) = *Cochlioda* × *Miltonia* × *Oncidium*
Colmanara Sir Jeremiah (1936) = *Miltonia* × *Odontoglossum* × *Oncidium*
Sanderara Alpha (1937) = *Brassia* × *Cochlioda* × *Odontoglossum*
Wilsonara Insignis (1916) = *Cochlioda* × *Odontoglossum* × *Oncidium*
Vuylstekeara Insignis (1911) = *Cochlioda* × *Miltonia* × *Odontoglossum*

Beispiele dazu:

Wilsonara Franz Wichmann, Wilsonara Anne Marie Wichmann, Wilsonara Tigerwood.

Vierfachhybriden

Burrageara Windsor (1927) = *Cochlioda* × *Miltonia* × *Odontoglossum* × *Oncidium*

Odontioda-Hybriden (Odontoglossum × Miltonia) farbig und dekorativ

Trichopilia, Heimat Mexico bis Brasilien: mit tütenförmiger Lippe um die Säule gerollt, 15 Arten.
T. tortilis, Heimat Guatemala, Mexico: Bulben schmal, gedrücktes Blatt länglich-elliptisch (15 cm lang/4 cm breit), Blüte 10 cm Durchmesser, braun, grünrandig, Lippe als Tüte, vorn fast kreisrund, weiß, innen hellbraunrot getüpfelt. Blütezeit: Dezember bis Februar.
Catasetum (= Rasselstendel), Heimat Amazonasgebiet.
Goethe nannte es »monströse Lilien«. Kurze, kräftige Scheinbulben, zugespitzt, Blätter breit, gefaltet, Blattgrund umfaßt Bulbe. Luftwurzeln und Blütentrieb entspringen an der Basis der Bulben. *Catasetum* bildet 3 Formen von Blüten: männliche, weibliche und Scheinzwitterblüten. Dadurch entstand eine große Verwirrung. Männliche und scheinzwittrige Blüten spenden nur Pollen, die weiblichen und in einzelnen Fällen die scheinzwittrigen sind die Fruchtträger. Der Vorgang der Bestäubung ist »merkwürdig«, das heißt beachtenswert.
C. pileatum, Heimat Venezuela: wird gelegentlich angeboten, Einzelblüte ist hellgelb; blüht im Herbst.
Mormodes (= Gespensterorche), Heimat nördliches Südamerika und Mittelamerika: dem *Catasetum* und *Cycnoches* ähnlich. Unterschied nur deutlich bei Blüten. Bei *Mormodes* sind beide Geschlechter auf der Säule angeordnet. Der Bau ist ebenso bizarr und die Bestäubung ist ein ähnlich schwieriger Vorgang. Scheinbulben ähnlich wie *Catasetum,* bis 10 cm hoch. Schaft 6–10blütig, *Sepalen* und *Petalen* bandförmig gespreizt. Lippe nach unten eingerollt. Säule steht völlig frei. Manche Arten duften.
M. colossus, Heimat Costa Rica: Bulben bis 30 cm hoch, Blätter ebenso lang. Schaft bis 60 cm lang. *Sepalen* und *Petalen* lanzettlich, 5 cm lang, gelb bis rosenrot, Lippe eiförmig, spitz, goldgelb, konvex. Blütezeit: März bis April.
Cycnoches, Heimat tropisches Amerika: mit rund 20 Arten, teilt sich in zwei Gruppen: 1. Männliche und weibliche Blüten sind fast gleich. 2. die Blüten sind ganz verschieden. Bei der 1. und den weiblichen der 2. Gruppe gleichen sich die Blüten in den sternartigen, gespreizten *Sepalen* und *Petalen.* Die männlichen der 2. Gruppe bilden längere, schlaff herabhängende vielblütige Traube.
C. chlorochilum: Heimat Venezuela, Columbien: Scheinbulben langspindelförmig, 30 cm lang. Blätter elliptisch 40 cm lang, werden abgeworfen. Beide Blütengeschlechter sehen sich sehr ähnlich, gelbgrün mit dunkelgrünem Fleck am Lippengrund, 15 cm Durchmesser. Blütezeit: Mai bis Juli.

Mormodes colossus, wie ein fliegender Vogel, Costa Rica (oben); Cycnoches chlorochilon, eine merkwürdige Blüte (unten)

Orchideen als Schnittblumen

Lange Jahrzehnte war die Orchidee die Blume der Reichen. In den letzten Jahren stimmt das nicht mehr. Ohne Frage ist sie heute noch eine oder die wertvollste Schnittblume. Der Florist drängt sich danach, sie zu verarbeiten. – Aber längst nicht alle Orchideen eignen sich als Schnittblumen. Bei den Orchideen sind auch bezüglich der Haltbarkeit alle Extreme beieinander. Es gibt Orchideen, die in geschnittenem Zustand in Stunden dahinwelken. Andere aber brechen jeden Rekord im Vergleich mit sonstigen Schnittblumen, sie halten zwei bis drei Monate.

Es gibt eine Reihe von Orchideen, die schon lange als Schnittblumen verwendet werden. Die haltbarsten Blüten finden wir bei *Paphiopedilum,* dem Frauenschuh oder Venusschuh, bei *Cymbidium* und heute immer mehr bei den neuen Kreuzungen der Malayenblume, *Phalaenopsis. Cattleya* und ihre Verwandten sind als großblütige, lilafarbene Orchideenschnittblumen wohlbekannt. Bekannt ist aber auch ihre kurze Haltbarkeit. Die Düsenjets haben uns die Blumenpracht Südostasiens nähergebracht. Seit einigen Jahren ist das *Dendrobium phalaenopsis* mit seinen vielen Kreuzungen in seiner leuchtenden Pracht fast alltäglich geworden. Es ist eine sehr dankbare und jetzt gut erschwingliche Schnittorchidee geworden. Auch aus Südostasien kommen die *Vanda*-Arten und Kreuzungen mit ihren Verwandten *Arachnis, Rhynchostylis, Vandopsis, Renanthera.* Auch sie gehören zu den sehr haltbaren Orchideen, wenn sie geschnitten werden. Es gibt Merkmale, die jedem Orchideenliebhaber sagen, ob eine Orchidee im Schnitt haltbar ist oder nicht. Wenn man die Blütenblätter anfühlt, hat man einen gewissen Eindruck von der Substanz, der Festigkeit des Blütenblattes. Solche, die sich fest oder gar hart anfühlen, wachsig überzogen erscheinen oder blank glänzen, sind sicher haltbarer als jene, die sich weich anfühlen, eine matte Oberfläche haben oder sehr dünn sind. Dies zu beachten, ist sehr nützlich.

Empfehlungen für das Schneiden von Orchideenblüten

Die Orchideenblüten sollten möglichst erst dann geschnitten werden, wenn alle Blüten aufgeblüht sind. Am besten ist, zwei bis vier Tage nach dem Aufblühen zu schneiden. Bei kleinblütigen Rispen *(Oncidium)* ist es besser, die innersten Blüten abblühen zu lassen, die anderen sind dann um so länger haltbar. Bei *Cymbidiumrispen* sollten mindestens die Hälfte der Blüten aufgeblüht sein, wenn der ganze Blütenstand verwendet wird in einem Gesteck. Bei Einzelblü-

Vanda- und Arachnis-Hybriden aus Mandai Gardens, Singapore

Paphiopedilum Frau Ida Brandt

tengestecken ist dies unwichtig. Beim Schnitt von *Phalaenopsis*- und *Dendrobium*-Blütenständen werden die letzten als Knospen geschnittenen Blüten etwa nur halb so groß, wie die an der Pflanze aufgeblühten. Eine gute Blütenreife ist für die Haltbarkeit der Schnittblume wesentlich.
Die Blüten sollten möglichst morgens oder abends geschnitten werden, nicht in hoher Wärme. Eine hohe Luftfeuchtigkeit während des Schnittes ist für die längere Haltbarkeit förderlich. Zugluft sollte unbedingt vermieden werden. Der Schnitt muß mit einem scharfen Instrument, etwa einer Rasierklinge, die unbedingt fettfrei sein muß, ausgeführt werden. Unschärfe oder Fett verstopfen die Leitbahnen des Blütenstandes und verringern die Möglichkeit einer guten Wasseraufnahme. Orchideenblüten müssen sofort in Wasser gestellt werden oder gar unter Wasser angeschnitten werden. Die Blütenstiele werden am besten in enghalsige Gefäße eingestellt (Orchideen-Röhrchen!). Um den Stiel herum soll möglichst wenig Wasser sein, oder der Wasserstand im Gefäß darf nicht hoch sein (einige Zentimeter über der Schnittstelle!). Für den Transport ist es wichtig, die Orchideen auch an der Oberfläche vor Wasserverlust (Transpiration!) zu schützen. Eine lichtundurchlässige Verpackung ist empfehlenswert. Für die Frischhaltung empfiehlt sich eine Temperatur, die einige Grade unter der Kulturtemperatur liegt, also zwischen 15 und 18° C. Die Orchideen dürfen sich aber nicht erkälten. Eine weiche Orchideenblüte wie etwa die einer *Cattleya* wird abgehärtet, indem man sie 3–12 Stunden in Papier eingehüllt in das Gemüsekühlfach eines Kühlschrankes einlegt. Auch ein täglicher Temperaturwechsel zwischen Tag und Nacht von rund 8° C (Nachtabsenkung!) ist für die Haltbarkeit von Orchideen auch im Gesteck sehr förderlich. Schnittorchideen, die lange unterwegs gewesen sind und Wasser verdunstet haben, kann man – wenn es härtere sind – ganz in ein Warmwasserbad legen (ca. 35 bis 40° C für 30 Min.). Dies kann auch wiederholt werden nach Tagen, wenn die Orchideen schlapp geworden sind. Ein frischer Anschnitt des Blütenstieles ist gut. Es ist ratsam, abgestandenes oder abgekochtes Wasser zu verwenden. Es enthält weniger Luft gelöst und weniger Bakterien. Beides schadet den Orchideen. Faulende Stellen müssen sofort entfernt werden. In der Regel wird das Wasser bei Orchideen nachgefüllt und nur jede Woche einmal ganz erneuert, dann sollte auch der Stiel der Blüte neu abgeschnitten werden. Das an der alten Schnittstelle verfärbte Gewebe muß mindestens entfernt werden. Mit Vorsicht sind die modernen Steckmassen bei Orchideen zu verwenden. Allzu leicht werden die Öffnungen der Wasserleitbahnen verstopft, und es kann nicht genügend Wasser aufgenommen werden, ein frühzeitiges Welken bleibt nicht aus. – Auch Schnittorchideen haben ein Lichtbedürfnis. Sie danken es, indem sie ihre Blütenfarbe länger behalten und sich leichter öffnen in den Endknospen.

Hinweise für die Anordnung

Orchideen sollten nicht als Massenware behandelt werden, wenn sie als Gesteck erfreuen sollen. Hier kann uns die fernöstliche Kunst des Blumensteckens helfen. Eine einfache und elegante, nicht überladene Gestaltung trägt der Eigenart der Orchideenblüte am ehesten Rechnung.
Man sollte sich zuerst überlegen, wo das Gesteck stehen soll, welche Blüten sich dafür besonders eignen. Die Vase darf bei dieser Vorüberlegung nicht außer acht gelassen werden. Daraus wird sich der Stil des Gesteckes ergeben: dreieckförmiger, kreis- oder bogenförmiger Aufbau. Oder schwert- bis S-förmige Anordnung.
Man sollte die erwählte Blüte nicht mit zuviel Beiwerk überladen und nur natürliches Material verwenden. Die ungewöhnliche Blüte ist der Hauptanziehungspunkt. Bei der Verwendung von mehreren Blüten immer eine ungerade Zahl zu nehmen, ist eine alte Blumenbinderregel! Das Beiwerk sollte nur dazu dienen, um den Augenfixpunkt – die Orchidee – zentral zu betonen, die Blüte ins beste Licht

zu rücken. Die Zutaten sollen ergänzen oder einen Gegensatz darstellen, um hervorzuheben.
Um das Gestaltungsziel zu erreichen, gibt es das Hilfsmittel, den Blütenstand zu drahten. Man kann den Blütenstiel an einem Draht befestigen, indem man beides mit einem Band umwickelt. Oder man kann den Orchideenstiel mit Draht spiralig umwickeln und mit Band abdecken. Wenn dies vorsichtig ausgeführt wird, leidet die Orchidee nicht darunter, ja sie kann sogar länger halten, wenn der Stiel weich ist. Das Aufspießen des Orchideenstieles auf einen Steckigel (Kenzan) ist nicht nachteilig für die Blüte.
Als Beiwerk ist der Zierspargel *(Asparagus)* erfreulicherweise allmählich verdrängt. Es gibt eine Vielzahl von schönem Blattwerk, das sich für die Orchideensteckerei gut eignet. Farne sind wohl an erster Stelle zu nennen: Nestfarn *(Asplenium nidus),* Rippenfarne *(Blechnum brasiliense, B. gibbum, B. moorei),* Schwertfarne *(Nephrolepis acuminata, N. exaltata* in vielen Sorten), Flügel- oder Saumfarne *(Pteris argyraea, P. cretica* in vielen Sorten, *P. arguta* u. a.), Tüpfelfarne *(Polypodium crassifolium, P. phyllitidis* und andere), Hirschzunge *(Phylittis scolopendrium* in vielen Sorten), Schildfarne *(Polystichum aculeatum, P. braunii),* Krummfarne *(Crytomium falcatum, C. fortunei).*
Hier eine Auswahl buntblättriger Pflanzen, die sich für Orchideengestecke anbieten: *Aglaonema, Anthurium*-Arten, *Bromelien*-Blätter, *Chlorophytum comosum* = Grünlilie, *Codiaeum* oder *Croton, Cordyline termilnalis, Dieffenbachia* in Sorten, *Dizygotheca elegantissima* = *Fingeraralie, Dracaena deremensis,* die Marantha-Gewächse: *Calathea, Ctenanthe, Marantha, Oplimenus hirtellus* – ein Gras, *Rhoeo discolor, Scindapsus, Syngonium, Tradescantia*-Arten und Sorten.
Grünblättrige Pflanzen sind ebenso zahlreich geeignet: *Appidistra elatior* = Schusterpalme, Gummibaum-Arten = *Ficus,* Philodendron-Arten und Sorten, *Stenotaphum secundum* – ein Gras, *Spathiphyllum* – ein Aronstabgewächs, aber auch *Aucuben,* Kirschlorbeer, Rhododendron und andere mehr.
Über die Haltbarkeit der Orchideen als Schnittblumen entscheidet nicht nur die Substanz der Blüte, sondern auch die Behandlung des Gesteckes. Orchideen dürfen nie in Zugluft stehen! Der Blutungssaft des Beiwerkes kann sich nachteilig auswirken. Pflanzen mit Milchsaft sollen entweder kurz in heißes Wasser getaucht werden oder an der Schnittstelle abgeflammt werden mit einer Kerzenflamme, Gasfeuerzeug oder ähnlichem. Dies gilt besonders bei Wolfsmilchgewächsen. Die Verwendung von Schnittblumen-Frischhaltungsmitteln ist mit großer Vorsicht zu betreiben. Diese Mittel enthalten zwar unter anderem Zuckerarten als Nährstoff für die Schnittblumen, fördern aber das schnellere Ausreifen und damit schnellere Abblühen der besser ernährten Blüte. Wenn man solche Mittel verwendet, sollte es in doppelter bis fünffacher Verdünnung

Paphiopedilum Cokade, ein großblumiger Venusschuh

geschehen, um möglichst lange Freude an den Orchideen im Gesteck zu haben.
Um eine Reihenfolge der Haltbarkeit von Schnittorchideen zu erhalten, kann man sich an die Blütenblattsubstanz halten. Am längsten halten sich die *Cymbidien,* es folgen *Paphiopedilum, Vanda, Phalaenopsis, Dendrobium phalaenopsis, Aerides, Arachnis, Oncidium, Cattleyen* und Verwandte. Wünscht man duftende Orchideen, so muß man Kreuzungen mit *Brassavola*-Arten wählen, also: *Brassolaeliocattleyen.* Sie sind an der großen Lippe erkennbar, die meist schön gefranst ist. Sie wird in allen Farbschattierungen von reinem Weiß bis Rot und der intensiv dunklen *Cattleyafarbe* gezüchtet und angeboten.
Die Orchidee wird sicher noch lange die schönste, interessanteste, wertvollste und begehrteste Schnittblume sein und bleiben.

Orchideen als Zimmerpflanzen

Für das Gedeihen und Blühen der Orchideen sind bestimmte Voraussetzungen notwendig, die der Orchideenfreund beachten sollte. Licht, Temperatur und Luftfeuchtigkeit spielen eine ebenso bedeutende Rolle wie die Menge und Qualität des Wassers, die Ernährung beziehungsweise die Düngung und der Pflanzstoff, in oder auf dem die Orchideen wachsen sollen.

Licht

Das Licht ist die Grundlage des Lebens, inbesondere des Pflanzenlebens. Für das gute Gedeihen tropischer Gewächse muß man sich an die Verhältnisse in der Heimat unserer Pflanzen halten. Unsere Lichtverhältnisse im Jahreslauf sind von denen der Tropen verschieden. Sie unterscheiden sich in zwei wesentlichen Merkmalen:
1. Der Tagesgang und damit die Tageslänge ist fast immer gleich lang, rund 12 Stunden. Man sagt auch, die Tagesperiode ist gleich.
2. Die Lichtintensität ist ebenfalls gleichbleibend das Jahr hindurch. Die Schwankungen sind größer im Tagesverlauf, zum Beispiel bei Gewittern, als im Ablauf des Jahres. Wir haben lange Tage im Sommer und kurze im Winter, die Stärke des Lichteinfalls ist im Sommer wesentlich höher als im Winter. Daher ist die Summe des Lichteinfalls je Tag im Sommer sehr viel größer als im Winter. Doch auch in unseren Breitengraden gibt es im Sommer und auch im Frühjahr nach der Lichtentwöhnung ein Zuviel an Licht für Orchideen. Aus diesem Grunde sind Südlagen schwierig als Orchideenstandort, weil die Lichtverhältnisse extrem sind. Zu hohe Lichtintensität kann man durch Verschattung der Pflanzen abhalten. Geeignet sind Alu-Rollos oder Gardinengewebe. Wie aber können wir beurteilen, wieviel Licht die Orchideen brauchen? – Einen Hinweis auf die Lichtbedürfnisse geben uns die Blätter in ihrer Festigkeit. Derbe, ledrige Blätter oder gar stielrunde sagen uns, daß diese Orchideen viel Licht aushalten können, also im Sommer fast nicht verschattet werden müssen, vielleicht nur in grellen Mittagsstunden. Solche Orchideen sind die *Cymbidien,* manche *Cattleyen.* Sie benötigen im Winter zusätzliches, künstliches Licht, damit sie unsere »dunkle« Jahreszeit überstehen. Orchideen mit weichen, schlaffen Blättern sind Schattenpflanzen, also empfindlich gegen helles Licht. Trotzdem reicht aber auch für sie unsere winterliche Lichtmenge nicht aus. In der Zeit der kurzen Tage von Oktober bis Februar oder März benötigen fast alle Orchideen zusätzliches, künstliches Licht, wenn sie keine Ruhepause durchmachen. Zusätzliches Licht ist auch zur Tagesverlängerung angebracht. Es gibt eine Reihe von Erfahrungen über den Lichtgenuß der Orchideen. Zuviel Licht: Blätter werden hellgrün (sie bleichen aus), bei manchen entstehen Brandflecke, Blätter fallen ab, die Bulben schrumpfen. Zu wenig Licht: die Orchideen wachsen nicht weiter, es bildet sich kein neuer Trieb, die ganze Pflanze kümmert. Frühe Anzeichen sind auch ein übermäßiges Wachstum in die Länge, wenn die neuen Triebe viel länger und schwächer werden als die alten.
Abhilfe kann durch Leuchtstofflampen geschaffen werden. Leuchtstofflampen von 40 Watt oder besser von 65 Watt (diese Lampen sind 1,20 oder 1,50 m lang) können eine Pflanzfläche entsprechender Länge und bis 60 cm Breite ausleuchten, wenn die Lampen 30 cm über den Wachstumsspitzen der Orchideen aufgehängt werden. Da dies oft nicht möglich ist oder am Zimmerfenster nicht schön aussieht, muß bei doppelter Entfernung Lampe – Pflanze doppelt soviel an Leistung installiert werden. Für das Wachstum ist es günstig, wenn die »Tageslänge«, die aus natürlichem und künstlichem Licht bestehen kann, 12 Stunden (oder höchstens bis 2 Stunden länger) dauert. Das ist aber nur eine grobe Regel. Bei näherer Beschäftigung werden die aufgezeigten Beziehungen zwischen der Pflanzengestalt und Festigkeit im Hinblick auf den Lichtbedarf klarer werden.

Temperatur

Das Wachstum als Lebensvorgang kann nur in gewissen Temperaturbereichen ablaufen. Tropische Pflanzen können in Kältestarre sein, wenn die Temperaturen weit über dem Gefrierpunkt liegen. Für rein tropische Pflanzen kann $+15^\circ$ C eine Grenze darstellen. Deshalb müssen wir etwas über den Wärmebedarf unserer Pflanzen wissen. Daher ist für die Orchideenpflege ein Thermometer ein

wichtiges Instrument. Kühl zu kultivierende Orchideen *(Ondontoglossum, Zygopetalum,* einige *Paphiopedilum*-Arten, einige *Cymbibidien* und andere) benötigen als tiefste Temperaturen im Winter +10° C, im Sommer etwa +13°, am Tage im Winter +13 bis +16° und im Sommer tags +16° bis +21°.
Temperiert: *Cattleyen, Laelien, Oncidien, Stanhopeen,* viele *Dendrobien,* einige *Paphiopedilen* benötigen folgende Nachttemperaturen: Winter: +13 bis +16° C, Sommer: +16 bis +18° C, tagsüber im Winter um +18° C und im Sommer um +20° C. Warm zu kultivierende Orchideen sind: *Phalaenopsis,* einige *Paphiopedilen,* einige *Dendrobien,* einige *Vandeen.* Die Temperaturen sollten im Sommer wie Winter tagsüber mindestens um +22° C liegen, nachts um +18° C.
Wenn die Außentemperaturen nachts stark absinken, sollte um die Pflanzen eine geringe Luftfeuchtigkeit herrschen. Jungpflanzen benötigen in allen Fällen einige Wärmegrade mehr.

Luftfeuchtigkeit

Darunter versteht man den Wassergehalt der Luft. Wasser ist in der Luft gelöst. Es wird zum Beispiel bei Nebel sichtbar, dann haben wir 100 Prozent relative Luftfeuchtigkeit, das heißt, die Luft kann kein Wasser mehr aufnehmen. Wieviel Wasser die Luft aber aufnehmen kann, hängt von der Lufttemperatur ab. Je höher die Temperatur ist, desto mehr Wasser kann in der Luft gelöst sein, desto schwieriger ist es aber auch, eine hohe relative Luftfeuchtigkeit zu erreichen. Neben der relativen unterscheidet man die absolute Luftfeuchtigkeit. Sie sagt aus, wieviel Gramm Wasser in einem Kubikmeter Luft gelöst sind. Die relative Luftfeuchtigkeit kann einfach mit dem Haarhygrometer gemessen und kontrolliert werden. Um im Winter bei +22° C Zimmertemperatur etwa 60 bis 70 Prozent relative Luftfeuchtigkeit zu erzeugen, muß man an die Heizkörper möglichst große Wasserverdampfer mit Filterpapierschichteinlagen aufstellen oder anhängen. Diese Luftfeuchte entspricht aber auch unserem Behaglichkeitsempfinden. Das ist ein guter Grund, warum *Phalaenopsis* eine so dankbare Zimmerpflanze geworden ist. Die neuen Züchtungen haben das gleiche Behaglichkeitsklima wie die Menschen. Es ist günstig, die Temperatur und die Nachtabsenkung über einen Thermostat mit Zeitschaltuhr zu steuern. Sechs bis acht Stunden Nachtabsenkung genügen. Hohe Luftfeuchte in den Tropen ist von einer ständigen leichten Luftbewegung begleitet. Wird die Tem-

Liebhaber-Orchideen in einer Ausstellung (oben); Orchideen mit zusätzlicher Beleuchtung (unten)

peratur gesenkt, steigt damit die Luftfeuchte an. Es ist daher sehr nützlich, die Zusammenhänge zwischen Licht, Temperatur und Luftfeuchte zu beobachten. Neben diesen physikalischen Einflüssen sind chemische zu beachten: das Wasser, die Ernährung oder Düngung und die Art des Pflanzstoffes.

Das Wasser

Die Lebewesen, auch unsere Orchideen, bestehen zu mehr als 90 Prozent aus Wasser. Das Wassergleichgewicht in und um die Pflanze muß immer erhalten bleiben. So ist es verständlich, daß die Orchideenpflege wesentlich von der Wasserversorgung der Pflanzen, vom Gießen, bestimmt wird. In dieser Beziehung werden die meisten Fehler gemacht. Als Grundregel sollte sich jeder merken: So wenig wie möglich, soviel wie nötig. Denn die meisten Pflanzen im Zimmer verdursten nicht, sondern werden durch zu viel Wasser krank. Anzeichen für zuviel Wasser sind gelbe Blätter, faulende Wurzeln. Bei hoher Luftfeuchte kann man oft das Gießen sehr einschränken. Kurzzeitiges Austrocknen schadet den Orchideenwurzeln kaum. Ein- oder zweimal sollte wöchentlich die Bodenfeuchtigkeit überprüft werden. Auf keinen Fall darf täglich gegossen werden, auch nicht an heißen Sommertagen. Erdorchideen brauchen höhere Pflanzstoffeuchte als *Epiphyten.* Faustregel: Im Winter einmal, im Sommer zweimal gießen pro Woche! Erdorchideen stehen nicht gerne auf trockenem Fuß, *Epiphyten* in Töpfen aber sehr wohl.
Nicht jedes Leitungswasser ist für die Orchideenpflege geeignet. Die Wasserwerke geben Auskunft über die Wasserqualität. Zwei Werte sind wichtig für den Orchideenpfleger: der Anteil an löslichen Kalksalzen, die ein Maß für die Härte des Wassers sind, und der pH-Wert (Angaben über Säure- oder Laugen-Zustand des Wassers). Leicht saures Wasser ist für die Orchideen günstig, etwa wenn man einigermaßen sauberes Regenwasser auffangen kann. Man kann kalkiges Wasser auch über Torf laufen lassen, um geeignetes Wasser zu erhalten. Oder Wasser über Austauscher, die mit Kochsalz regeneriert werden. (Weiches Wasser verbraucht wenig Seife.) Das Wasser soll möglichst die Temperatur der umgebenden Luft haben. Ein grauschwarzer Belag auf dem Pflanzstoff (Blaualgen!) ist ein Zeichen für schlechte Wasserqualität. Das Wasser ist dann zu alkalisch oder basisch, wirkt wie eine Lauge. Es gibt auch Enthärtungsmittel, in Tablettenform, die leicht anzuwenden sind, wenn kein anderes Wasser zur Verfügung steht. Wasser sollte auch sauerstoffhaltig sein. Man erreicht das mit einer Aquarienpumpe, mit der man das Gießwasser belüften kann. Das empfiehlt sich besonders bei abgestandenem Regenwasser.

Die Ernährung

Lange war umstritten, ob man Orchideen düngen darf oder nicht. Jetzt gibt es wohl keinen Zweifel mehr, daß auch Orchideen auf richtige Düngung gut ansprechen. Doch Vorsicht ist geboten! Die Orchideen vertragen die normalen Düngerlösungen nur in zehnfacher Verdünnung. Man sollte unbedingt beachten: Nur Pflanzen mit gesunden Wurzeln darf man düngen. Nur im Wachstum darf gedüngt werden. Nur geringe Nährstoffmengen bei häufiger Anwendung fördern das Wachstum. Die Hauptnährstoffe sind in allen handelsüblichen Düngern in verschiedener Stärke vereinigt. Stickstoff (N) fördert die allgemeine Stoffbildung, Phosphor (P) beeinflußt die Blütenbildung, Kali (K) beeinflußt die Entwicklung und Festigung der Blüten. Andere Stoffe sind noch nötig, sie sind den neuzeitlichen Düngern beigemischt. In Kenntnis der Pflanzenreaktion kann man verschiedenartige Dünger zur Steuerung des Wachstums und Blühens anwenden.
Ein Dünger kann zum Beispiel ein Mischungsverhältnis N : P : K haben wie 3 : 1 : 1. Und die Düngerlösung sollte 0,5 Prozent bis höchstens 1,0 Prozent haben. Die Düngung der Orchideen hängt wesentlich mit dem gewählten Pflanzstoff zusammen.

Der Pflanzstoff

Als natürliche Pflanzstoffe werden verwendet: Farnwurzeln *(Osmunda, Polypodium, Mexifern, Xaxim),* Torfe, Rinden, Sumpfmoos. Neuerdings auch Kunststoffschnitzel *(Orchid Chips* aus Styropor), Kunststoffasern, Blähton, Bimskies, Holzkohle, Fallaub. Hat man nur wenige Pflanzen, ist es ratsam, sich beim Gärtner Orchideenpflanzstoff zu kaufen. Die Orchideen sollten nicht zu oft verpflanzt werden, etwa alle zwei bis drei Jahre.
Das bestimmt der Pflanzstoff. Wenn das Substrat zersetzt ist, muß unbedingt verpflanzt werden. Die nötigen Handgriffe lernt man am besten aus der Beobachtung erfahrener Liebhaber. Am besten verpflanzt man, wenn ein neuer Trieb erscheint. Lange halten sich Orchideen an Korkrinden oder an Rebstockwurzeln, wenn es sich um *epiphytische* Kleinorchideen handelt. Das Frühjahr ist für die meisten Orchideen die beste Zeit zum Umtopfen. Die Wahl des Topfes ist ebenfalls wichtig. Tontöpfe halten weniger lange die Feuchtigkeit im Substrat als Plastiktöpfe, die keine poröse Wandung haben. Reine *Epiphyten* muß man unter Umständen in Holzlattenkörbchen oder Drahtkörbchen pflanzen, weil die Blütenstände nach unten hängen, eine Topfwand nicht durchbohren können. Das Zusammenspiel von Wasser (Gießen!), Pflanzstoff und Düngung ist also unter Berücksichtigung von Licht, Temperatur und Luftfeuchtigkeit für das Gedeihen der Orchideen von entscheidender Bedeutung.

Sonderfall Hydrokultur

Schon vor zwei Jahrzehnten hat Professor Burgeff Orchideen in Wasserkultur gezogen. Aber es war noch nicht so weit, daß diese Kulturmethode allgemeine Verbreitung finden konnte. Seitdem sind immer wieder Versuche unternommen worden, um eine einfache Orchideenkultur zu ersinnen, die Gießen und Düngen nicht zum Problem werden läßt. Es scheiterte aber immer wieder daran, daß die Orchideenwurzeln nicht dauernd im Wasser stehen können, auch wenn es sich um Erdorchideen handelt. Es gibt zwei Möglichkeiten: 1. Die *epiphytischen* Orchideen als solche zu behandeln, also auf Hölzer, Rinde und so weiter aufzubinden und für Wasser- und Düngerzufuhr durch Sprühen oder Tauchen zu sorgen. Die andere Art ist, die Orchideen in einen Topf mit einem wasserabweisenden Material zu pflanzen und nach Bedarf zu gießen und zu düngen, mit dem großen Vorteil, daß um die Wurzel herum ein mit Wasserdampf hochgesättigter Raum entsteht. Das ist die Methode mit Plastiktopf und Orchid Chips (spezielle Styropor-Schnitzel). 2. Die Luft-Wasser-Substrat-Methode: Die Orchideen werden in einen Topf mit einem neutralen Material (Orchid Chips, Blähton) wie Gittertopf, gut drainierter Plastiktopf oder ähnliches mit einem Wasserstandsanzeiger versehen, in einen Übertopf gestellt und Wasser samt Düngerlösung in bestimmten Zeitabständen nachgefüllt. Das neueste und umwälzendste System wird seit einiger Zeit immer bekannter und bringt fast alles, was zu einer völlig problemlosen Orchideenkultur nötig ist. In einem gut drainierten Plastiktopf werden die Orchideen mit Blähton, einem neutral reagierenden geglühten Tonmaterial, eingepflanzt. Dieser Topf mit der Pflanze steht in einem Übertopf. Im Luftraum zwischen Plastiktopf und Übertopf sind das Wasser mit dem Dünger und der Wasserstandsanzeiger unterzubringen. Unter Verwendung eines neuen Depotdüngers wurden Nährstoffbatterien mit 25 ml Inhalt hergestellt, die einen Topf von 10 bis 15 cm Durchmesser für sechs bis zwölf Monate mit Nährstoff versorgen. Mit einem Depot-Dünger, der auf Ionenaustausch basiert, werden die für die Pflanze notwendigen Stoffe freigesetzt, wie sie verbraucht werden.

Darüber hinaus werden Chlor- und Kalkionen aus dem Gieß- oder Füllwasser aufgenommen, das heißt gebunden, somit unschädlich gemacht. Mit einer Nährstoffbatterie ist keine Versalzung mehr möglich, und der Austausch der Nährlösung und damit die Frage der genauen Abmessung entfällt. Mit dem Wasserstandsanzeiger wird ein bestimmter Wasserstand eingehalten, gießen ist nur alle paar Wochen erforderlich, es braucht nur Wasser nachgegossen werden, eine eigene Wasserbehandlung zuvor ist nicht nötig. Nach frühestens einem halben Jahr wird die Nährstoffbatterie ausgetauscht. Die Ruheperiode kann durch den Wasserstandsanzeiger ebenfalls kontrolliert werden, indem weniger Wasser nachgefüllt wird. Bisher sind nach dem beschriebenen Verfahren folgende Orchideengattungen erfolgreich über längere Zeit kultiviert worden: *Phalaenopsis, Paphiopedilum, Cattleya, Oncidium, Lycaste, Cymbidium*. Jedenfalls eine gute Lösung für die Zimmerkultur, auch während des Urlaubs.

Phalaenopsis-Hybride in einfacher Hydrokultur

Zusammenstellung von Orchideen für Liebhaber

Spezielle Pflege

Hier sollen grundsätzliche Hinweise für die Behandlung von Gattungen und Arten gegeben werden, die das eigene Beobachten unterstützen sollen, um zu günstigen Kulturerfolgen zu kommen.
Aerides: kommt in schattigen, tropischen Gebirgswäldern vor. Als *Epiphyt* wächst es gut auf Korkrinde oder in hohen Gefäßen. Warm und luftfeucht ohne Ruheperiode, nach der Blüte geringere Luftfeuchte möglich. Im Trieb ist höhere Wärme von Vorteil. Im Sommer können sie unter Bäumen hängen von Juni bis September. Wenn sie kühler stehen, sind sie trockener zu halten.
Angraecum: benötigt hohe Temperaturen bei hoher Luftfeuchte. Wenn sie im Winter kühler steht, muß die Luftfeuchte geringer sein. Keine Ruhezeit.
Anoectochilus, Haemaria, Macodes, Ludisia, Goodyera sind sogenannte Netzblattorchideen. Es sind Humusbewohner. Sie lieben Schatten und flache Schalen, als Substrat: Sumpfmoos-Heideerde-Sand bei guter Wärme. Hohe Luftfeuchte ist ebenso notwendig wie gute Luftzirkulation, Bedingungen, die nicht leicht zu erfüllen sind. Oft hilft eine Käseglocke, die aber täglich gelüftet werden muß, damit die Pflanzen täglich einmal abtrocknen. Anfällig gegen Ungeziefer!
Arachnis: zu behandeln wie Aerides.
Bifrenaria: obwohl *Epiphyten,* können sie in Töpfen gehalten werden. Im Winter ist Ruhezeit, aber Wurzeln nicht ganz austrocknen lassen. Im Sommer ist luftige, relativ feuchte Kultur bei mindestens +15° günstig. Ruhezeit beenden, wenn sich neuer Trieb zeigt.
Bletia: eine Erdorchidee mit Kompost aus Lauberde, Sand und Lehm. Gute Drainage! Im Winter Ruhezeit, ohne Blattwerk, im Trieb viel Wasser.
Brassavola: *Epiphyt,* auf Rinde oder Kork, sonst lockerer Kompost. Im Wachstum reichlich Dünger nötig, nicht unter +15° nachts.
Brassia: *Epiphyt,* auf Rinde oder lockerem Kompost, im Wachstum gut düngen. Kultur temperiert.
Bulbophyllum: reiner *Epiphyt,* an Ast- oder Rindenstücken in warmen Bereich hängen. Im Wachstum gut düngen. Im Winter kühler halten, trockenere Luft.
Calanthe: Erdorchidee, will nahrhaften Kompost und Lehmzusatz, durchlässig. Ruhezeit ab Herbst mit ausgedehnter Trockenzeit. Laubwerfende Arten blühen, wenn Blätter abgestoßen sind. Jährlich vor dem Austrieb verpflanzen, danach feucht und gespannt halten, bis Blätter erscheinen, danach sehr luftig kultivieren, sonst Blattkrankheiten!
Catasetum: *Epiphyten* mit schwieriger Kultur. Im Wachstum hohe Wärmegrade und hohe Luftfeuchte, im Sommer reichlich schattig. Bei Blattwelke beginnt die Ruhezeit, dann mehr Licht, weniger Wasser. Schrumpfung der Bulben vermeiden. Bei Neutrieb höhere Temperaturen zur Blütenentwicklung nötig.
Cattleya und ihre Hybriden und Verwandte: *Epidendrum, Encyclia, Brassavola, Sophronitis, Schomburgkia* sind als *Epiphyten* zu behandeln und temperiert zu kultivieren. In der Entwicklung benötigen sie viel Licht und Wasser mit Nährstoffen, bei +18 bis 20°, ja bis 30°. In der Ruhezeit t = 14 bis 16°C. Im Sommer luftig, jedoch luftfeucht. Pflanzstoff: locker und durchlässig. Verpflanzen im Frühjahr, wenn sich am letzten Trieb neue Wurzeln zeigen. Der neue Trieb muß bis zum Herbst abgeschlossen sein. Wenn die Entwicklung gut voranschreitet, kann auch gut gedüngt werden. Nach Abschluß des Triebes weniger Wasser, kühler halten, auch trockener, keine zu hohe Luftfeuchte durch Sprühen. Blatt und Bulbe sollen nicht schrumpfen. Im Frühjahr ist Vorsicht bei starker Sonneneinstrahlung geboten (Brandflecken!). Wenn Blüte droht, in der Scheide steckenzubleiben, dann Scheide aufreißen, gegebenenfalls entfernen, damit sich Blüte entwickeln kann.
Chysis: Hängender *Epiphyt* auf Rinde oder in Körbchen. Im Wachstum viel Wasser, nach Triebabschluß weniger, dabei Temperatur

niedriger. Im Sommer luftig im Halbschatten warm, im Winter temperiert und so feucht, daß Bulben nicht schrumpfen.

Cirrhopetalum: *Epiphyten,* wie *Bulbophyllum* behandeln.

Cochlioda: siehe *Odontoglossum.*

Coelogyne: *Epiphyten,* zum Teil Felsbewohner. Im Sommer luftig und mäßig feucht; wenn kühlerer Standort, dann trockener halten. Es darf sich kein Wasser in Blättern oder Trieben ansammeln, Gefahr der Fäulnis. Verpflanzen in *Cattleya*-Kompost, wenn neue Wurzeln erscheinen, danach schattiger halten, bis eingewurzelt. Im Frühjahr Schutz vor zu starker Sonneneinstrahlung.

Cycnoches: *Epiphyt* ähnlich *Catasetum.* In kleinem Topf warm kultivieren in *Cattleya*-Pflanzstoff. Umtopfen nur im Frühjahr. Vorsichtig mit Wasser umgehen, besonders bei Temperaturschwankungen. Nach der Ruhezeit erst gießen, wenn der Neutrieb gut entwickelt ist und neue Wurzeln hat.

Cymbidium: meist *Epiphyten,* daher durchlässiger Kompost. In Wachstumszeit recht warm und feucht halten. Im Frühjahr bei Triebentwicklung reichlich gießen, düngen und warmhalten. Für Blütenentwicklung nach Bulbenreife: Warmer Fuß und kühler Kopf! Pflanzen nicht in zu große Töpfe verpflanzen. Sie sollen mit Wurzeln bald den Topfrand erreichen. Lieber öfter im zeitigen Frühjahr nach der Blüte verpflanzen. *Miniaturcymbidien* können oder sollen in der Ruhezeit wärmer, das heißt temperiert wie *Cattleya,* gehalten werden. Daher sind sie für die Zimmerkultur auch von ihren Temperaturansprüchen her gut geeignet.

Dendrobium: *Epiphyt* mit sehr geringem Wurzelvermögen. Luftwurzeln sehr ausgeprägt, daher luftig stellen. Kleine Gefäße! Bei Trieb- und Wurzelbildung häufige, aber schwache Düngung. Warm kultivieren bei guter Lüftung. Im Frühjahr vorsichtig an höhere Lichtintensität gewöhnen. Bei *D. phalaenopsis* und *Hybriden* ist noch höhere Wärme und Luftfeuchte nötig, um erfolgreiche Blütenansätze zu erhalten, als bei den anderen genannten Arten.

Dendrochilum: *Epiphyt,* in kleinen Töpfen zu kultivieren mit lockerem, durchlässigem Kompost und guter Drainage. Gießen entsprechend dem Verlauf des Wachstums.

Disa: *Terresiten* kühler Kulturweise in Töpfen. Kompost aus sandiger Rasenerde mit Kuhdung und Sumpfmoos, auch Holzkohle, mit gutem Abzug im Topf. Im Wachstum hohe Luftfeuchte nötig (Sprühen!). Nach Blüte schattiger und weniger feucht halten, jedoch nicht zu trocken. Verpflanzen Januar bis Februar, bei Neutrieb viel Licht und kühles Wasser bei trockener Wärme.

Encyclia und **Epidendrum:** meist *Epiphyten.* Kultur ähnlich *Cattleya.* Können im Winter kühler, hell und trocken stehen. Verpflanzen wenn Neutrieb entsteht.

Gongora: *Epiphyt,* in Kultur ähnlich *Cattleya,* kleine Gefäße verwenden. Lange Ruheperiode, dürfen nicht austrocknen. Sehr anpassungsfähig.

Winterflor von Orchideen im Kleingewächshaus

Laelia: *Epiphytische* Lebensweise. Blütentriebe entwickeln sich meist vor der Reife der Bulbe. Neuwurzelbildung oft während der Blütezeit. Verpflanzen während der Blüte möglich. Pflanzgefäß muß groß genug sein, da *Rhizome!* Sonst ähnlich in Kultur wie *Cattleya,* mit gleichen Ansprüchen.

Lycaste: *Epiphyt,* will lockeren, durchlässigen Kompost, mit regelmäßiger Düngung im Wachstum. Laubabwerfende Arten ruhen in kühler Temperatur ohne auszutrocknen.

Masdevallia: hell und kühl kultiviert in Töpfen oder Schalen, gut feucht halten, nicht zu oft teilen. Verrotteter Kompost unzuträglich!

Maxillaria: *Epiphyten,* temperiert bis kalt, auf Rinde oder in Schalen oder Korb. Verpflanzen mit dem Neuaustrieb. Im Sommer viel Luft bei mäßigem Schatten, im Winter und Frühjahr bei Triebentwicklung wärmer kultivieren.

Miltonia mit *Odontoglossum, Onicidium* und *Brassia: Epiphyten,* wachsen jedoch gut in reinem *Sphagnum,* Wurzeln dürfen nicht austrocknen. Trockene Luft oder Zugluft ist Gift für sie. Im Winter temperierte, im Sommer kühle Kultur. Faltung der Blätter deutet auf zu hohe Wärme. Im Wachstum ist Düngen angebracht, daher durchlässiger, aber nährstoffreicher Kompost. Im Winter hell, im Sommer halbschattig halten.
Mormodes wie *Catasetum* in Kultur halten.
Odontoglossum: *Epiphyten,* im Halbschatten. Wichtig: im Sommer feucht und kühl, im Winter warm und trocken. Kleine Gefäße mit durchlässigem Kompost. Verpflanzen im Frühjahr oder zeitigen Herbst. In Blüte keine hohe Luftfeuchte!
Oncidium: *Epiphyten,* Korb, Rinde oder Topf in durchlässigem Kompost. Luftig und im Sommer halbschattig. Verpflanzen nur, wenn neue Wurzeln gerade aufbrechen, denn Wurzeln sind sehr brüchig! Blumenschnitt, wenn letzte Knospe sich entwickelt hat. Temperiert.
Paphiopedilum: meist Erdbewohner, in der Regel ohne ausgesprochene Ruhezeit. Buntblättrige Arten lieben Halbschatten, sind wärmer zu halten (temperiert bis warm). Ein Temperaturunterschied zwischen Tag und Nacht in der Wachstumszeit fördert die Blütenbildung. Lockeres Substrat, das regelmäßig leichte Dunggüsse aufnehmen kann. Töpfe eher kleiner wählen. Blüte kann nur gebildet werden, wenn der Neutrieb zum Abschluß gekommen ist. Verpflanzen daher im zeitigen Frühjahr günstig, danach sehr warm halten, schattig und feucht. Bei Teilung sehr vorsichtig verfahren!
Phragmipedium: (= Riemenfrauenschuh) *Geophyt* auf Humus oder in Felsspalten. In Kultur ähnlich Paphiopedilum: halbschattig, temperiert, feucht.
Pleione: *Geophyt* in Rasenerde mit Sand, im Wachstum gießen und düngen. Im Sommer schattig und warm, im Winter: kühl und trocken ohne Schrumpfen. Schwieriger sind die herbstblühenden Formen.
Renanthera: Kultur gleicht der von *Aerides.* Warm, viel Sonne, im Wachstum für relativ hohe Luftfeuchte sorgen. Kompost wie für übrige *Epiphyten.*
Schomburgkia: reiner *Epiphyt,* in der Kultur wie *Laelia* behandeln. Im Winter niedere Temperaturen (temperiert) und geringere Feuchte.
Sophronitis: Kultur an Rinden- oder Aststücken vorteilhaft. Düngen in der Wachstumszeit. Sonst entspricht die Kultur der von *Laelia.*
Stanhopea: *Epiphyten,* die in Körbchen zu halten sind, damit die Blütenstände sich nach unten entwickeln können. Kultur wie bei *Lycaste.* Kompost muß locker und durchlässig sein. Verpflanzen möglichst im Frühjahr vor der Blütenentwicklung, danach wärmer und schattig halten, bis der Neutrieb kräftig durchtreibt. Im Sommer können die Körbe in einen Baum im Garten eingehängt sein bis zu den Nachtfrösten. Kalt, luftig und trocken überwintern.
Trichopilia: Als reine *Epiphyten* wachsen sie gut auf Rinde oder in kleinen Töpfen. Im Trieb brauchen sie viel Wasser, jedoch keine stauende Nässe. Pflanze fault schnell ab! Große Temperaturunterschiede bei nassem Kompost sind gefährlich. Vorsicht mit Spritzen: Jungtriebe und Blüten werden fleckig und faulen. Für guten Blütenansatz ist heller Standort notwendig.
Vanda: Ähnlich *Aerides* zu behandeln. *Vanda* kann extreme Temperaturen überstehen, wenn sie hellen Standort hat. Die Wurzeln sind brüchig, daher Vorsicht beim Ein- oder Umtopfen. Pflanzstoff braucht nur Halt geben. Kultur muß luftig sein, im Sommer kühler halten, im Winter und zur Blütezeit wärmer, sofern nicht ganzjährig warme Kultur nötig ist.
Vanilla: ein Schlinger, der an einem Stamm befestigt, rasch wächst, wenn die Wurzeln im Erdreich Fuß gefaßt haben. Man muß die Pflanze aber nahe dem besten Lichteinfall etablieren, die Umgebung sehr feucht halten, bis sie eingewurzelt ist. Ganzjährige feuchtwarme Kultur ohne Ruhepause.
Zygopetalum: ein *Epiphyt,* der in Schalen gut gedeiht. Kompost kann grob sein wie bei *Cymbidium.* Gute Düngung im Wachstum ist sehr förderlich, dabei viel Licht, Wärme und Wasser. Im Winter kühl, mäßig feucht und lufttrocken halten. Bei Pilzbefall fehlt frische, trokkene Luft.

Pflege auf der Fensterbank

Bei der Orchideenkultur auf der Fensterbank ist die Lage zur Himmelsrichtung ganz wichtig. Ein Südfenster bringt für die Pflanzen das meiste Licht aber auch die größten Temperaturunterschiede. Man sollte Orchideen auswählen, die harte Blätter haben, die auch hohe Schwankungen in der Luftfeuchte ertragen können. Es eignen sich: *Cattleya-Hybriden, Cymbidium tracayanum* und *C. lowianum,* auch *Mini-Cambidien, Dendrobium chrysotoxum, D. nobile* und *Hybriden, Laelia anceps, L. autumnalis, L. gouldiana, Lycaste virginalis, Odontoglossum bictoniense, O. grande, O. uro-skinneri, Oncidium varicosum.*
Die Fensterbank sollte möglichst 20–25 cm breit sein. Vor dem Fenster sollte möglichst eine verstellbare Metalljalousette angebracht sein. Wenn unter dem Fensterbrett ein Heizkörper ist, muß er mit einem Wasserverdunstungsbehälter abgedeckt sein, der eine durch Filterpappe vergrößerte Verdunstungsfläche hat. Es verdunstet sehr viel Wasser, das für die Zimmerluft im allgemeinen, aber auch für die Orchideen absolut notwendig ist, der Luftfeuchte wegen. Denn im Zimmer ist es mit dem Zerstäuben immer problematisch. Außerdem ist es ratsam, auf die Fensterbank eine flache Wanne zu stellen, in der umgekehrte Töpfe stehen, auf die man die Orchideentöpfe stellt. Unten in der Wanne sollte Wasser sein, soviel daß die Töpfe selbst nicht im Wasser stehen. In der Wanne kann ein Plastik-

heizkabel liegen, das das Wasser erwärmt und verdunstet. Die freie Wasserfläche um die Töpfe kann auch durch Kies oder ähnliches ausgefüllt sein. Als einfachste Lösung bietet sich eine große Schale an mit innen liegendem umgestülptem Untersetzer und Kies, auf dem der Orchideentopf steht. Durch das Gießen wird der Wasserstand auf einem Niveau gehalten. Luftbewegung ist günstig. Das geschieht aber durch die Wärmeumwälzung im Raum *(Konvektion)*. Zugluft ist Gift für alle Orchideen und andere Zimmerpflanzen.
Orchideen für Fenster in Südost-, Süd- und Südwestlage bei gleichmäßigen Temperaturen (Minimum um +15°): *Aerides odoratum*, härtere *Cattleya-Arten* und *Hybriden*, *Laelia-Arten* und *Hybriden*, *Paphiopedilum-Arten* und *Hybriden*, *Phalaenopsis-Arten* und *Hybriden*, *Rhynchostylis*, *Vanda*.
Orchideen für Ost-, Nordost- und Nordwest- und Westfensterlagen: *Coelogyne*, *Epidendrum-Arten*, *Epiphronitis*, *Masdevallia*, *Maxillaria*, *Odontoglossum*, *Oncidium*, *Paphiopedilum fairieanum*, *venustum*, *insigne*, *villosum* und kühlere *Hybriden*. Nachttemperaturen zwischen +10° und +15°.

Im Blumenfenster

Hier verstehen wir ein ausgebautes Fenster, das auch zum Raum abgetrennt ist. Es ist einerseits leichter luftfeucht zu halten, andererseits reagiert es auf Temperaturschwankungen viel empfindlicher, weil das große Luftpolster fehlt. Es muß also zusätzliche Lüftungsmöglichkeiten zum Innenraum besitzen, möglichst auch nach außen. Die Temperatur läßt sich meist durch einen auf den eingebauten Heizkörper wirkenden Thermostat regeln. Für die Auswahl der Pflanzen kann die Grenze etwas weiter gesteckt werden, empfindlichere Arten und *Hybriden* lassen sich mit entsprechenden Erfahrungen besser kultivieren.

Orchideen auf der Fensterbank (oben); Orchideen in einer Zimmervitrine (unten)

Orchideenkultur in Liebhaber-Gewächshaus

In der Vitrine

Orchideen in Vitrinen sind wohl ein Schmuckstück im Raum. Aber es gehört schon eine Menge Erfahrung dazu, um die Pflanzen in einem kleinen abgeschlossenen Raum die ganze Zeit über nicht nur erblühen zu lassen, sondern auch zu kultivieren. Da die Vitrine oft im Rauminnern steht, ist künstliche Beleuchtung unerläßlich. Für sehr lichthungrige Orchideen in innenliegenden Vitrinen müssen sogar Quecksilberhochdrucklampen eingesetzt werden, um die Pflanzen nicht nur am Leben, sondern im Wachstum zu halten. Die technischen Einrichtungen einer solchen Vitrine setzen gute Belüftbarkeit und Frischluftzufuhr voraus. Verschiedene Formen, die schön und zweckmäßig zugleich sind, bieten sich dem Liebhaber an.

Im Balkongewächshaus

Diese Einrichtung ist eine Vitrine im Freien. Neben der Heizung muß auch die gute Belüftbarkeit sichergestellt sein. Der Lichtgenuß ist besser als im Zimmer. Bei geschlossenem Haus kann leicht eine Überhitzung bei plötzlich sich ändernder Witterung eintreten. Aber eine der möglichen Lösungen!

Im Kleingewächshaus

Jeder Orchideengärtner, der einmal auf der Fensterbank begonnen hat, stellt sich wohl am Ende ein Kleingewächshaus vor, das sich möglichst noch in drei Abteilungen kühl, temperiert und warm aufteilt. – Je größer der Luftraum, um so leichter lassen sich die erforderlichen Klimawerte erzeugen und einhalten. Aber oft ist der Weg sehr weit oder die Möglichkeit nicht gegeben. Beim Aufstellen sollte man sich genau überlegen, in welcher Richtung das Haus zu orientieren ist. Früher wurde die Nord-Süd-Richtung bevorzugt. Heute gelegentlich die Ost-West-Richtung. Im ersten Falle wird die Belichtung gut ausgenutzt, im zweiten gibt es im gleichen Haus größere Unterschiede in Belichtung und in der Wärmeabstufung innerhalb eines Raumes. Meist werden Tische und Stellagen eingebaut, die eine intensive Raumnutzung ermöglichen. Nicht selten sieht man drei oder gar vier Etagen übereinander. Heizung, Wasserleitung, Schattierung und Zusatzbeleuchtung sind die Einrichtungen, die mit technischer Perfektion die Orchideenkultur erleichtern können. – Aber davon allein hängt der Blüherfolg nicht ab!

In der Kellerkultur

Seit es Leuchtstofflampen und Quecksilberhochdrucklampen gibt, die das natürliche Sonnenlicht ersetzen können, hat sich die Orchideenkultur auch der Dunkelräume bemächtigt. Installiert man 100 bis 400 W elektrische Leistung je Quadratmeter, dann braucht man nicht um seine Orchideen im Keller zu bangen, wenn die nötige Heizung vorhanden ist. In der Regel sind Kellerräume hinsichtlich Temperatur und Luftfeuchtigkeit sehr ausgeglichen. So fallen hier meist nur die Kosten für die Beleuchtung ins Gewicht. Jedenfalls ist dies auch eine Möglichkeit, um Orchideen halten zu können.

Einige Begleitpflanzen zu Orchideen

Oft besteht der Wunsch, Orchideen zu anderen Zimmerpflanzen hinzuzunehmen oder auch die reine Orchideenzucht durch passende andere Pflanzen zu ergänzen. Hier können nur einige wenige Hinweise stehen.

Aronstabgewächse: Eine große Pflanzenfamilie, die meist in den feuchten Tropen heimisch ist. *Aglaonema* (Kolbenfaden) t = 18–20°,

im Winter +15° C, gleichmäßig feucht halten, keine direkte Besonnung, schattenverträglich.
Anthurium (Flamingoblume): Temperatur nicht unter +16°, mäßig luftfeucht, keine direkte Sonne. Kletternde Arten sind wärmebedürftiger. *Dieffenbachia:* Wachsen am besten bei +18–20° C, nie unter +15°! Reichlich mit Wasser versorgen, gute Luftfeuchte fördert Wachstum.
Philodendron (Baumfreund): kletternde Arten für Zimmer, Vitrine und Gewächshaus geeignet. Temperatur um +20°, bei 50 bis 70 Prozent relativer Luftfeuchte. *Ph. erubescens, Ph. scandens, Ph. andreanum, Ph. verrucosum. Scindapsus* in mehreren Arten benötigt um +18° C.
Bromeliengewächse: Es sind *epiphytische* Pflanzen aus dem tropischen Amerika. Sie bilden Trichter aus, in denen sie Wasser und Nahrung auffangen. Aus der Mitte entspringt der dekorative Blütenstand. Sie benötigen Temperaturen zwischen +18–22° C, im Minimum +15°. Einige Gattungen: *Aechmea, Bilbergia* (Zimmerhafer, robust!), *Cryptanthus, Guzmannia, Neoregelia, Nidularium, Vriesea. Tillandsia* gibt es in zahllosen Arten. Bekannt und begehrt ist *Tillandsia usneoides,* das Louisianamoos. Es ist eine wurzellose Bromelie, die Wasser und Nährstoffe ausschließlich aus der Luft über die Blätter aufnimmt. Es ist ein guter Anzeiger für die Luftfeuchte: Ist es grünlich schimmernd, dann ist die Luft feucht genug, ist es silbern schimmernd, dann ist die Luft zu trocken. Oft kommt es mit Importorchideen als Verpackungs- oder Stopfmaterial.
Agavaceae: *Cordyline terminalis* eine dekorative, rotblättrige Pflanze (w).
Asclepiadaceae (= Seidenpflanzen): *Hoya carnosa* (k – t), *Hoya bella* (w). *Dischidia*-Arten als *Epiphyten* mit krugartigen Blättern, (w). *Stephanotis floribunda* (Kranzschlinge) (t – w).
Euphorbiaceae (Wolfsmilchgewächse): *Codiaeum variegatum var. pictum* in vielen Varietäten (w), Licht und Luft! / *Manihot esculenta var. variegata* (w).
Moraceae: *Ficus-Arten:* kletternd: *F. pumila, F. repens* (t – w). *F. benjamina, F. aspera, F. rubiginosa* alle (w).
Gesneriaceae: *Aeschynanthus marmorata, Columnea*-Arten (w).
Leguminosen: *Mimosa pudica* (w).
Liliaceae: *Aspidistra* (k), *Asparagus densiflorus Meyeri!* (w), *Chlorophytum comosum* (t), *Ophiopogon jaburan* (k), *Rhodea japonica* (k).
Malvaceae: *Abutilon striatum* (k).
Marantaceae: alle (w): *Maranta leuconeura, Calatheae.*
Nepenthaceae: alle (w): *Nepenthes*-Arten und *Hybriden.*
Palmae: (t – w) *Chamaedorea elegans, Microcoelium weddelinanum.*
Passifloraceae (Passionsblumen): *Passiflora coerulea 'Constance Elliot' Schlinger* (k), *P. coccinea* (w), *P. edulis* (t – w).

Kannenpflanze (Nepenthes), eine der vielen möglichen Begleitpflanzen

Piperaceae (Pfeffergewächse): *Piper nigrum* und *P. silvaticum* (w), *Peperomia obtusifolia, P. caperata, P. argyreia* (t – w).
Saxifrageceae (Steinbrechgewächse): *Saxifrage stolonifera 'Tricolor'* (t – w).
Vitaceae (Weinrebengewächse): *Ampelopsis brevipedunculata 'Elegans'* (k – t), *Cissus antartica* (k – t), *Rhoicissus capensis* (k – t).
Farne: *Cyrtomium falcatus, Pelaea rotundifolia, Pteris cretica* (alle k – t), *Asplenium nidus* (Vogelnestfarn), *Platycerium bifurcatum (epiphytischer* Geweihfarn) (t – w).
Selaginellaceae (Moosfarne): *Selaginella kraussiana, S. martensii* (k – w).

Orchideen im Garten

Viele Menschen fühlen sich zu Pflanzen im eigenen Garten genau so hingezogen wie zu Zimmerpflanzen. Und der Wunsch, Orchideen in einem Beet oder Troggarten zu haben, ist nur allzuverständlich. Wir kennen rund 100 Arten von Orchideen in Europa. Das ist eine kleine Zahl im Vergleich zu der in den Tropen. Aber auch sie haben – ohne auch nur annähernd die Blütengröße ihrer tropischen Artgenossen zu erreichen – ihre Schönheit und ihre Reize. Man mag sich nun fragen, warum sie – obwohl einheimisch – so wenig in der Kultur zu sehen sind.

Bletilla striata, eine dankbare Gartenorchidee

Das hat mehrere Gründe. Unsere Orchideen leben in Pflanzengemeinschaften mit Pilzen und anderen Pflanzen, die ihnen eine gute Anpassung an den von ihnen gewählten Standort gewährleisten. Doch sind die Bodenansprüche dieser Orchideen recht unterschiedlich und in einem Garten nicht unbedingt nebeneinander zu verwirklichen. Die einen wollen feuchte und saure Erde, die anderen trockene und kalkhaltige. Oder z. B. benötigt unser einheimischer Frauenschuh Lauberde auf Kalkgestein. Alle Orchideen wollen viel Licht, aber nicht den ganzen Tag die volle Sonne. Sie lieben auch eine relativ hohe Luftfeuchtigkeit. Es ist in jedem Falle nützlich, sie mit sogenannten Bodendeckern zu »schützen« zum Beispiel Mauerpfefferarten, Vergißmeinnicht, Augentrost, Veilchen, Kreuzkraut, Horstgräser, die nicht zu umfangreich werden. Andere vom natürlichen Standort her bekannte Pflanzen bilden eine wertvolle und hilfreiche Ergänzung.
Es gibt aber auch einige Orchideenarten aus Ostasien und Nordamerika, die bei uns im Freien aushalten.
Bletilla striata (auch *B. hyacinthina)* aus Ostasien. Im April erscheinen aus einer halbkugeligen Knolle schilfartige, etwa 20 cm lange Blätter. Im Juni treibt sie einen Blütenstiel mit zwei bis neun rotvioletten bis purpurnen Blüten, die 4 cm Durchmesser haben. Zur Kultur: Man hebt eine spatenstichtiefe Grube aus. Die Stelle soll leicht beschattet sein, aber warm. In die Grube kommt eine 10–15 cm dikke Schicht aus Kies und wenn möglich etwas Holzkohle (Grillkohle!) Darüber kommt ein Gemisch aus Lauberde zur Hälfte, die andere Hälfte besteht aus Lehm, Sand und Kompost. Die Knolle sollte dicht mit der Bodendecke abschließen. Diese Orchideen sollten möglichst freigehalten werden von anderen Pflanzen. Man kann das Pflanzloch mit einer dünnen Schicht von getrocknetem Kuhmist abdecken, nach der Einwurzelung kann in den folgenden Jahren auch anderer Depotdünger eingearbeitet werden. Bis zum Blattwurf im Herbst soll die Pflanze mäßig feucht stehen. Im Winter ist eine Abdeckung aus ca. 30 cm hoher Torfschicht und einer Folie darüber sehr zu empfehlen. Die Pflanze wird bald blühbare Tochterknollen hervorbringen.
Pleione-Arten *(P. pogonioides, P. limprichtii), P. hookeriana, P. praecox, P. humilis* sind Orchideen, die aus Osttibet stammen. Sie

wachsen in 2000 bis 3000 m Höhe auf Urgestein, im Winter zugeschneit, im Sommer von fließendem Wasser reichlich befeuchtet. Sie benötigen Moorerde und kalkfreies Wasser, solange sie beblättert sind. Relativ hohe Luftfeuchtigkeit im Sommer ist erwünscht. Will man sie im Freien überwintern, so sind sie mit einer Glasglocke oder Plastikfolie abzudecken. Man kann sie auch im Keller bei relativ hoher Luftfeuchte ohne Komposterde aufbewahren und im April aus- bzw. umpflanzen.

Cypripedium-Arten sind für den Garten interessant. Aus Nordamerika stammen *C. pubescens, C. parviflorum* und *C. reginae,* die alle kalkfeindlich sind und einen feuchten Standort wünschen im Halbschatten. Kalkliebend sind dagegen neben unserem einheimischen Frauenschuh die euroasiatischen Arten *C. macranthum, C, ventricosum, C. cordigerum.* Da alle Orchideen unter strengem Naturschutz stehen, wird immer wieder der Versuch unternommen, trotz aller Hindernisse, Orchideen selbst auszusäen. Dabei sollte aber die Bodenreaktion, ob saurer oder kalkhaltiger Untergrund, unbedingt beachtet werden. Es braucht auch viel Geduld, denn die ersten Blättchen zeigen sich im zweiten Jahr, und dann kann es noch Jahre gehen, bis man mit einer Blüte belohnt wird. Für die Kalkflieher bereitet man ein Erdgemisch aus sandiger mooriger Heideerde mit etwas Sumpfmoos, zum Abdecken können auch Kiefernnadeln verwendet werden. Auf diesem Kompost können ausgesät werden: *Epipactis gigantea, Goodyera repens, Spiranthes aestivalis* (Sommerdrehwurz), *Orchis latifolia.*

Kalkliebende Orchideen sind: *Gymnadenia conopea* (feuchte Wiesen), *G. odoratissima* (duftende Stendelwurz) im lichten Kiefernwald, *Platanthera bifolia* und *P. chlorantha.* Die Erdmischung besteht aus Lehm mit Kalkgestein und Komposterde vermischt. – Die Aussaattöpfe werden am besten in Erde eingesenkt und im Winter leicht abgedeckt, um Kahlfrösten zu begegnen. Auf diesem Gebiet der Orchideenkunde sind wir erst am Anfang. Aber es sind Bestrebungen im Gange, auch diese Orchideen den Liebhabern durch gezielte Aussaaten und durch vegetative Vermehrung zugänglich zu machen.

Dieser Ratgeber kann nur einiges über Orchideen vermitteln.
Wollen Sie mehr erfahren, dann schreiben Sie an:
Deutsche Orchideen Gesellschaft, Geschäftsstelle
Siesmayerstraße 61, Palmengarten
6000 Frankfurt am Main 1

Gymnadenia conopea

Inge Manz
Blumenpracht
im Garten
Falken farbig

M. Gutta
Kalte Platten –
Kalte Büffets
Falken farbig

M. Gutta
französisch
kochen
Falken farbig

H. Hofmann
Mixen
mit und ohne Alkohol
Falken farbig

H. P. Tillenburg
OLDTIMER
Die technische Entwicklung des Autos
Falken farbig

M. Gutta
Desserts
Falken farbig

W. Hoffmann
Kakteen
Herkunft · Zucht · Pflege
Falken farbig

H. Holzinger
Österreichische
Küche
Falken farbig

Mechtild Hahn
Gemüse und
Kräuter
Frisch und gesund
aus eigenem Anbau
Falken farbig

R. Piwitt
Deutsche
Spezialitäten
Falken farbig

M. Gutta
Italienische Küche
Falken farbig

Kraupa-Tuskany
Reiten
Vom ersten Schritt zum Reiterpaß
Falken farbig

Senta Ramos
Bauernmalerei
leicht gemacht
Falken farbig

Gustav Schoser
Orchideen
Eigenart Schnittblumen
Topfkultur
Pflege
Falken farbig

Pia Pervensche
Die 11 erfolgreichsten
Schlankheitskuren
Falken farbig

Margit Gutta
Spanische Küche
Falken farbig